自动化生产线集成与运维

主　编　蓝伟铭　陈胜裕

副主编　何冬康　李　杨　曾　林

　　　　关来德　俞宗蕙

参　编　张敏坚　曾庆文

北京理工大学出版社

BEIJING INSTITUTE OF TECHNOLOGY PRESS

内 容 简 介

本书以任务为导向按照教育部"一体化设计、结构化课程、颗粒化资源"的逻辑建设理念，系统地规划了教材的结构体系。本书根据当前高等职业院校及应用型本科院校教学需要而精心编排，以学生中心，由易到难，由单站到集成、由集成到升级设计，本书共8个项目，包括初识自动化生产线、生产线智能物流系统控制、输送线系统控制、机器人上下料站系统控制、生产线数控机床上下料系统控制、生产线的工业互联网络组建、生产线的生产管理集成、柔性生产线的虚拟孪生系统调试。

每个项目都由"项目引入""学习导图""任务分析""任务实施及评价"组成。"项目引入"采用情景化的方式引入项目学习，课程中以一个柔性生产线的多个集成单元项目组成。项目开篇融入职业元素，让教材内容更接近行业、企业和生产实际。本书遵循"任务驱动、项目导向"，突出"学习工具"作用；以工业机器人柔性生产线集成应用能力培养为核心，紧跟行业发展动态；任务的选择突出"完整性"，兼顾"普适性"；以课后拓展训练形式创新项目，培养学生自主学习能力。

本书可作为应用型本科院校机器人工程专业以及装备制造类机电类相关专业和高等职业教育相关专业的教材，也可作为工程技术人员的参考资料和培训用书。

图书在版编目（C I P）数据

自动化生产线集成与运维 / 蓝伟铭，陈胜裕主编
. --北京：北京理工大学出版社，2022.11
ISBN 978-7-5763-1780-0

Ⅰ. ①自… Ⅱ. ①蓝… ②陈… Ⅲ. ①自动生产线-高等职业教育-教材 Ⅳ. ①TP278

中国版本图书馆 CIP 数据核字（2022）第 195510 号

责任编辑： 孟祥雪		**文案编辑：** 孟祥雪	
责任校对： 周瑞红		**责任印制：** 李志强	

出版发行 / 北京理工大学出版社有限责任公司

社　　址 / 北京市丰台区四合庄路6号

邮　　编 / 100070

电　　话 / （010）68914026（教材售后服务热线）
　　　　　（010）68944437（课件资源服务热线）

网　　址 / http://www.bitpress.com.cn

版 印 次 / 2022 年 11 月第 1 版第 1 次印刷

印　　刷 / 涿州市新华印刷有限公司

开　　本 / 787 mm×1092 mm　1/16

印　　张 / 19.5

字　　数 / 528 千字

定　　价 / 89.00 元

前　言

一、起因

党的二十大报告中提出，到二〇三五年，我国发展的总体目标是：经济实力、科技实力、综合国力大幅跃升，人均国内生产总值迈上新的大台阶，达到中等发达国家水平；实现高水平科技自立自强，进入创新型国家前列；建成现代化经济体系，形成新发展格局，基本实现新型工业化、信息化、城镇化、农业现代化；随着"工业 4.0"概念在德国的提出，以"智能工厂、智慧制造"为主导的第四次工业革命已经悄然来临。在全球制造业面临重大调整、国内经济发展进入新常态的背景下，国务院于 2015 年 5 月发布了《中国制造 2025》，这是我国实施制造强国战略的第一个十年行动纲领。工业机器人作为《中国制造 2025》的第二个重点领域，在未来将扮演重要角色。随着机器人产业的迅猛发展，企业对掌握机器人生产线集成的应用的工程师的需求越来越紧迫。按照工业和信息化部关于工业机器人的发展规划，到 2020 年，国内机器人装机量已达到 100 万台，需要至少 20 万工业机器人应用相关从业人员，并且这个数量将以每年 20%～30%的速度持续递增。在工业机器人编程的教材方面，存在教材与企业岗位需求脱节、自动生产线难以开展教学、新技术在课堂教学中更新慢等问题，目前仍严重依赖机器人企业的培训资料和产品手册，缺乏系统的学习指导。

本教材以"学校＋企业"双元合作共同编写，以企业真实典型柔性生产线的集成和应用为突破口，系统介绍了一条柔性生产线的相关知识。全书共分 8 个项目，着眼于教学实际，介绍了工业机器人在搬运、机床上下料、AGV 小车、RFID 读写、工业互联网、MES 系统、数字孪生等各个领域的典型应用，将知识点和技能点融入典型生产线的项目实施中，以满足"工学结合、项目引导、教学一体化"的教学需求。另外，课程研发团队着眼于"理论＋实践"的教学方式，结合经典的项目应用，精心打造真实的柔性生产线工作载体作为项目实训和开展训练的综合平台，用于提高实战能力。

二、本书的编排结构

本书以任务为导向按照教育部"一体化设计、结构化课程、颗粒化资源"的课程资源建设理念为指导，在本套教材系统地规划了教材的结构体系。本书根据当前高等职业院校及应用型本科院校教学需要而精心编排，以学生中心，由易到难，由单站到集成、由集成到升级，设计编排 8 个项目，包括初识自动化生产线、生产线智能物流系统控制、输送线系统控制、机器人上下料工作站系统控制、生产线数控机床上下料系统控制、生产线的工业互联网络组建、生产线的生产管理集成、柔性生产线的虚拟孪生系统调试。

每个项目都由"项目引入""学习导图""任务分析""任务实施及评价"组成。"项目引入"采用情景化的方式引入项目学习，课程中以一个柔性生产线的多个集成单元项目组成。项目开篇融入职业元素，让教材内容更接近行业、企业和生产实际。

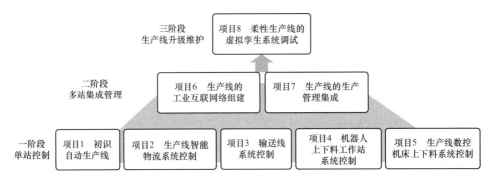

柳州职业技术学院教师与企业工程师共同参与了本教材的编写，蓝伟铭、陈胜裕老师担任主编，何冬康、李杨、曾林、关来德、俞宗意担任副主编，广西汽车集团曾庆文、柳州采埃孚机械有限公司张敏坚参编。

三、内容特点

1. 遵循"任务驱动、项目导向"，突出"学习工具"作用

本书遵循"任务驱动、项目导向"，以"从完成简单工作任务到完成复杂工作任务"的能力发展过程为指导，按照工作复杂度"由浅入深的原则设置一系列学习任务，引领技术知识、实训，并嵌入核心能力知识点，改变知识与实训相剥离的传统教材组织形式，为学生提供完成工作任务的过程中学习相关知识、发展工程综合能力的学习工具。书中以柔性生产线的组建作为项目主线，串联工业机器人各种应用项目，便于教师采用项目教学法引导学生展开自主学习，掌握、建构和内化知识与技能，强化学生自我学习能力的培养。

2. 以工业机器人柔性生产线集成应用能力培养为核心，紧跟行业发展动态

以工业机器人典型应用技能为核心，以工业机器人数控机床上下料、AGV 小车工业互联网、MES 系统、数字孪生每个项目典型的工作站案例作为训练载体，学生可组队开展自主学习，进一步掌握、建构和内化本项目所需知识与技能，强化学生自我学习能力。

3. 任务的选择突出"完整性"，兼顾"普适性"

本书在每个项目中实现了以真实生产使用的工业机器人柔性生产线作为载体、与企业真实使用的生产线相关，可直接应用于生产的真实设备。程序设计等"全过程"，突出对"应会"能力要求的"完整性"。为了避免任务实施"捆绑"特定实训设备，在项目任务中大多采用企业典型设备为对象的形式，提高了任务实施的"普适性"。

4. 以课后拓展训练形式创新项目，培养学生自主学习能力与技能

本书每项任务中单独设置"思考与练习"以及"项目评价"，同时在每个项目后设置"拓展训练"模块，不仅有利于学生主动学习、互相交流探讨，还可培养学生思考和解决问题的能力。

四、配套的数字化教学资源

本书得益于现代信息技术的快速发展，配备教学课件、微课、视频等数字化学习资源；并配套教学课件、习题等详尽资料。读者在学习过程中可登录本书配套数字课程网站获取数字化学习资源，对于微课可以直接扫描二维码来观看。

五、教学建议

本书既适合作为应用型本科院校机器人工程专业以及装备制造类机电类相关专业和高等职业教育相关专业的教材，也可作为工程技术人员的参考资料和培训用书。

教师通过对每个项目基本知识的讲解和编程的实践，让学生掌握相应的基本观念和编程知识，学生再学习每个项目中的任务，进一步巩固和加强这些技能点和编程知识。教师可用 30 个学时来讲解本书的各个项目内容，学生可用 50 个学时来练习项目中的任务，一共需要 80 个学时。具体课时分配见下表。

序号	内容	分配建议/学时	
		理论	实践
1	项目 1　初识自动生产线	2	2
2	项目 2　生产线智能物流系统控制	4	4
3	项目 3　输送线系统控制	4	8
4	项目 4　机器人上下料工作站系统控制	4	6
5	项目 5　生产线数控机床上下料系统控制	4	8
6	项目 6　生产线的工业互联网络组建	4	6
7	项目 7　生产线的生产管理集成	4	8
8	项目 8　柔性生产线的虚拟孪生系统调试	4	8
	合　计	30	50

由于编者水平有限，书中难免有疏漏和不妥之处，恳请广大读者批评指正。

编　者

目 录

项目 1　初识自动生产线

项目引入

　　自动生产线是指由自动化机器体系实现产品工艺过程的一种生产组织形式。它是在连续流水线的进一步发展基础上形成的。其特点是加工对象自动地由一台机床传送到另一台机床，并由机床自动地进行加工、装卸、检验等；工人的任务仅是调整、监督和管理自动线，不参加直接操作；所有的机器设备都按统一的节拍运转，生产过程是高度连续的。学习生产线的整个运行流程，对综合掌握和理解智能控制技术有非常重要的帮助。自动生产线示例如图 1-1 所示。

图 1-1　自动生产线示例

　　本项目在整条柔性生产线中主要作为课程引入介绍，主要介绍自动生产线的构成及作用，完成本站点即可了解本教材载体对象的基本情况，为后续各个模块的学习做准备。本项目在课程中的位置如图 1-2 所示。

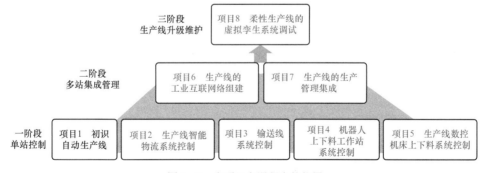

图 1-2　本项目在课程中的位置

项目学习目标

※ 素质目标:

1. 培养深厚的爱国情感和民族自豪感;

2. 培养树立科技强国、制造强国的理想信念,为了实现中国制造而奋发图强的拼搏精神;

3. 培养安全作业能力及提高职业素养;

4. 培养较强的团队合作意识;

5. 养成规范的职业行为和习惯;

6. 养成执行工作严谨、认真的过程细节。

※ 知识目标:

1. 能认识和了解自动生产线的应用场合;

2. 能了解自动生产线组成结构和控制方法;

3. 掌握自动生产线机器人工位的安全注意事项。

※ 能力目标:

1. 具有探究学习、终身学习、分析问题和解决问题的能力;

2. 具有良好的语言、文字表达能力和沟通能力;

3. 具有本专业必需的信息技术应用和维护能力。

学习任务

任务 认识自动生产线

依托企业项目载体:

1. 柳州五菱工业有限公司车桥车间数控机床上下料生产线;

2. 柳州东风汽车股份有限公司 CV 车间自动化生产线;

3. 柳州工程机械股份有限公司装载机挡圈零部件加工生产线。

学习导图

标准链接

★ 项目技能对应的证书标准、技能比赛以及其他相关参考标准,如表 1-1～表 1-3 所示。

表 1-1 对应 1+X 证书标准

序号	对标 1+X 证书	扫描二维码查看
1	1+X 证书"智能制造生产线集成应用职业技能等级标准"（2021 年版）	
2	1+X 证书"智能制造单元集成应用职业技能等级标准"（2021 年版）	

表 1-2 对接比赛技能点

序号	全国职业技能大赛	对应比赛技能点内容
1	2022 年全国职业技能大赛 GZ-2022021 "工业机器人技术应用"赛项规程及指南	任务 2 主控系统电路设计及接线
2	2022 年全国职业技能大赛 GZ-2022018"机器人系统集成"赛项规程及指南	1）任务一 系统方案设计（4%）； 2）任务四 机器人系统集成（20%）

表 1-3 其他相关参考标准

序号	标准及规范	编码
1	智能制造工程技术人员职业标准	（职业编码 2-02-07-13）
2	电工国家职业标准	（职业编码 6-07-06-05）
3	工业机器人安全规范	（GB 11291—1997）

任务 认识自动生产线

任务描述

通过学习了解自动生产线的应用场合，了解自动生产线组成结构、控制方式等，对将要学习的自动生产线进行基本认知，并掌握自动生产线使用时的安全注意事项。

学前准备

1. 互联网自动生产线的图片及视频；
2. 前期课程所学相关技术知识。

学习目标

※ 素质目标：

1. 培养深厚的爱国情感和民族自豪感；
2. 培养树立科技强国、制造强国的理想信念，为了实现中国制造而奋发图强的拼搏精神；
3. 培养安全作业能力及提高职业素养；
4. 养成执行工作严谨、认真的过程细节。

※ 知识目标：

1. 能认识和了解自动生产线的应用场合；
2. 能了解自动生产线组成结构和控制方法；
3. 掌握自动生产线的安全注意事项。

※ 能力目标：

1. 具有探究学习、终身学习、分析问题和解决问题的能力；
2. 具有良好的语言、文字表达能力和沟通能力；
3. 具有本专业必需的信息技术应用和维护能力。

学习流程

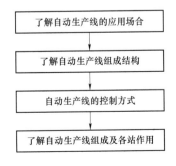

了解自动生产线的应用场合

↓

了解自动生产线组成结构

↓

自动生产线的控制方式

↓

了解自动生产线组成及各站作用

1.1.1 自动生产线在生产中的应用

在装备制造应用大类中，自动生产线在机械制造业中发展最快、应用最广。其主要有用于加工箱体、壳体、杂类等零件的组合机床自动生产线；用于加工轴类、盘环类等零件的自动生产线，由通用、专门化或专用自动机床组成的自动生产线、旋转体加工自动生产线，用于加工工序简单的小型零件的转子自动生产线等。

机械制造业中有铸造、锻造、冲压、热处理、焊接、切削加工和机械装配等自动生产线，也有包括不同性质的工序，如毛坯制造、加工、装配、检验和包装等的综合自动生产线，如图 1-3 所示。

(a)

(b)

(c)

(d)

(e)

(f)

图 1-3　自动生产线示例

(a) 汽车自动焊接生产线；(b) 汽车火花塞自动装配生产线；

(c) 食品自动加工生产线；(d) 饮料自动加工生产线；

(e) 自动灌装生产线；(f) 药品加工生产线

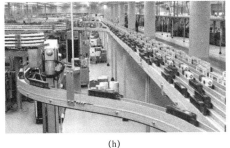

(g)   (h)

图1-3　自动生产线示例（续）

（g）螺蛳粉包装输送线；（h）印刷包装生产线

采用自动化设备能直接带来的效益包括以下内容：

（1）降低生产成本。

（2）提高生产效率。

（3）提高生产的柔性。

（4）增强产品对市场的适应性。

（5）提高产品质量。

（6）减少生产准备时间和库存。

（7）增加企业员工对企业的满足感。

（8）增加用户满意度。

小贴士

党的二十大报告：我们加快推进科技自立自强，全社会研发经费支出从一万亿元增加到二万八千亿元，居世界第二位，研发人员总量居世界首位。基础研究和原始创新不断加强，一些关键核心技术实现突破，战略性新兴产业发展壮大，载人航天、探月探火、深海深地探测、超级计算机、卫星导航、量子信息、核电技术、新能源技术、大飞机制造、生物医药等取得重大成果，进入创新型国家行列。

知识拓展

1.1.2　自动生产线组成结构

自动生产线通常是由以下基本结构模块根据需要搭配组合而成的：工件的自动输送及自动上下料机构、辅助机构（定位、夹紧、分隔、换向等）、执行机构（各种装配、加工、检测等执行机构）、驱动及传动系统、控制系统。

自动生产线根据产品或零件的具体情况、工艺要求、工艺过程、生产率要求和自动化程度等因素不同，其结构及其复杂程度往往有很大差别，对于具体的自动生产线，其组成并非完全相同，按照结构特点，可分为通用设备自动线、专用设备自动线、无储料装置自动线和有储料装置自动线等。自动生产线组成系统主要由以下几大部分组成：

1. 工件的自动输送及自动上下料机构

工件或产品的移送处理是自动化装配的第一个环节，包括自动输送、自动上料、自动卸料动作，替代人工装配场合的搬运及人工上下料动作。该部分是自动化专机或生产线不可缺少的基本部分，也是自动机械设计的基本内容。其中自动输送通常应用在生产线上，实现各专机之间物料的自动传送。

1）输送系统

输送系统包括小型输送装置和大型输送线，其中小型输送装置一般用于自动化专机，大型输送线则用于自动生产线，在人工装配流水线上也大量应用了各种输送系统，如图1-4所示。

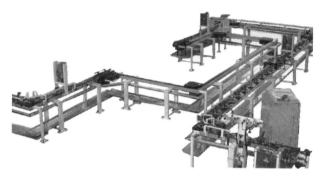

图1-4　输送系统

根据结构类型的区别，最基本的输送线包括皮带输送线、链条输送线和滚筒输送线等；根据输送线运行方式的区别，输送线可以按连续输送、断续输送、定速输送、变速输送等不同的方式运行。

2）自动上下料系统

自动上下料系统是指自动化专机在工序操作前与工序操作后专门用于自动上料、自动卸料的机构，如图1-5所示。在自动化专机上，要完成整个工序动作，首先必须将工件移送到操作位置或定位夹具上，待工序操作完成后，还需要将完成工序操作后的工件或产品卸下来，准备进行下一个工作循环。

图1-5　自动上下料系统

自动机械中最典型的上料机构主要包括机械手、利用工件自重的上料装置（如料仓送料装置、料斗式送料装置）、振盘、步进送料装置、输送线（如皮带输送线、链条输送线、滚筒输送线等）。卸料机构通常比上料机构更简单，最常用的卸料机构或方法主要包括机械手、气动推料机构、压缩空气喷嘴。气动推料机构就是采用气缸将完成工序操作后的工件推出定位夹具，使工件在重力作用下直接落入或通过倾斜的滑槽自动滑入下方的物料框内。对于质量特别小的工件，经常采用压缩空气喷嘴直接将工件吹落掉入下方的物料框内。

2. 辅助机构

在各种自动化加工、装配、检测、包装等工序的操作过程中，除自动上下料机构外，还经常需要以下机构或装置。

1）定位夹具

工件必须位于确定的位置，这样对工件的工序操作才能实现需要的精度，因此需要专用的定位夹具，如图1-6所示。

图1-6　工装夹具

2）夹紧机构

在加工或装配过程中工件会受到各种操作附加力的作用，为了使工件的状态保持固定，需要对工件进行可靠的夹紧，因此需要各种自动夹紧机构。

3）换向机构

工件必须处于确定的姿态方向，该姿态方向经常需要在自动生产线上的不同专机之间进行改变，因此需要设计专门的换向机构在工序操作之前改变工件的姿态方向。

4）分料机构

机械手在抓取工件时必须为机械手末端的气动手指留出足够的空间，以方便机械手的抓取动作，如果工件（如矩形工件）在输送线上连续紧密排列，机械手可能因为没有足够的空间而无法抓取，因此需要将连续排列的工件逐件分隔开来。又如前面所述的螺钉自动化装配机构中，每次只能放行一个螺钉，因此需要采用实现上述分隔功能的各种分料机构，如图1-7所示。

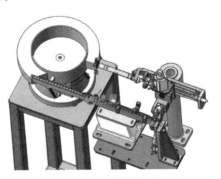

图1-7　振动盘分料机构

上述机构分别完成工件的定位、夹紧、换向、分隔等辅助操作，由于这些机构一般不属于自动机械的核心机构，因此通常将其统称为辅助机构。

3. 执行机构

任何自动机械都是为完成特定的加工、装配、检测等生产工序而设计的，机器的核心功能即按具体的工艺参数完成上述生产工序。通常将完成机器上述核心功能的机构统称为执行机构，它们通常是自动机械的核心部分。例如自动机床上的刀具、自动焊接设备上的焊枪、螺钉自动装配设备中的气动螺丝批、自动灌装设备中的灌装阀、自动铆接设备中的铆接刀具、自动涂胶设备中的胶枪等，都属于机器的执行机构。

这些执行机构都用于特定的工艺场合，掌握这些执行机构的选型方法离不开对相关工艺知识的了解，因此，自动机械是自动结构与工艺技术的高度集成，从事自动机械设计的人员既要熟悉各种自动机构，同时还要在制造工艺方面具有丰富的经验。

4. 驱动及传动系统

1）驱动系统

任何自动机械最终都需要通过一定机构的运动来完成要求的功能，不管是自动上下料机构还是执行机构，都需要驱动系统并消耗能量。自动机械最基本的驱动系统主要包括由压缩空气驱动的气动执行元件（气缸、气动手指、真空吸盘等）、由液压系统驱动的液压缸、各种执行电动机（普通感应电动机、步进电动机、变频电动机、伺服电动机、直线电动机等）。直线气缸如图1-8所示。

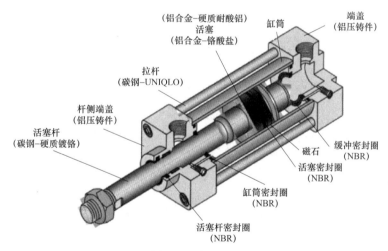

图1-8 直线气缸

在自动机械中，气动执行元件是最简单的驱动方式，由于它具有成本低廉、使用维护简单等特点，在自动机械中得到大量的应用。在电子制造、轻工、食品、饮料、医药、电器、仪表、五金等制造行业中，主要采用气动驱动方式。

液压系统主要用于需要输出力较大、工作平稳的行业，如建筑机械、矿山设备、铸造设备、注塑机、机床等行业。

除气动元件外，电动机也是重要的驱动系统，大量应用于各种行业。在自动机械中，广泛应用于如输送线、间隙回转分度器、连续回转工作台、电动缸、各种精密调整机构、伺服驱动机械手、精密工作台、机器人、数控机床的进给系统等场合。

2）传动系统

气缸、液压缸可以直接驱动负载进行直线运动或摆动，但在电动机驱动的场合则一般需要相应的传动系统来实现电动机扭矩的传递。自动机械中除采用传统的齿轮传动外，大量采用同步带传动和链传动，尤其是因为同步带传动与链传动具有价格低廉、采购方便、装配调整方便、互换性强等众多优势，目前已经是各种自动机械中普遍采用的传动结构，如输送系统、提升装置、机器人、机械手等。

5. 控制系统

根据设备的控制原理，目前自动机械的控制系统主要有以下类型：

1）纯机械式控制系统

在大量采用气动元件的自动机械中，在少数情况下控制气缸换向的各种方向控制阀全部采用气动控制阀，这就是纯气动控制系统。还有一些场合各种机构的运动是通过纯机械的方式来控制的，如凸轮机构，这些都属于纯机械式控制系统。

2）电气控制系统

电气控制系统是指控制气缸运动方向的电磁换向阀由继电器或 PLC 来控制，在制造业中，PLC 已经成为各种自动化专机及自动生产线最基本的控制系统，结合各种传感器，通过 PLC 控制器使各种机构的动作按特定的工艺要求及动作流程进行循环工作。电气控制系统与机械结构系统是自动机械设计及制造过程中两个密切相关的部分，需要连接成一个有机的系统，如图 1-9 所示。

图 1-9　电气控制系统网络

在电气控制系统中，除控制元件外，还需要配套使用各种开关及传感器。在自动机械的许多位置都需要对工件的有无、工件的类别、执行机构的位置与状态等进行检测确认，这些检测确认信号都是控制系统向相关执行机构发出操作指令的条件，当传感器确认上述条件不具备时，机构就不会进行下一步动作。需要采用传感器的场合包括气缸活塞位置的确认、工件暂存位置确认是否存在工件、机械手抓取机构上工件的确认、装配位置定位夹具内工件的确认等。

1.1.3　自动生产线的控制方式

目前，工业自动化系统通常分为 5 级：企业管理级、生产管理级、过程控制级、设备控制级和检测驱动级。前两级管理级涉及的高新技术主要是计算机技术、软件技术、网络技术和信息技术；过程控制级涉及的高新技术主要是智能控制技术和工程方法；设备控制级和检测驱动级涉及的高新技术主要是三电一体化技术、现场总线技术和新器件交流数字调速技术。5 级分层归纳为企业管理决策系统层（ERP）、生产执行系统层（MES）、过程控制系统层（PCS）三层结构和计算机支撑系统（企业网络、数据库），并实现系统集成，从而实现企业的物流、资金流、信息流的集成，提高企业竞争力。企业管理决策系统层（ERP）、生产执行系统层（MES）必须建立在设备自动化和过程自动化基础上。

计算机软件技术及工业控制网络技术的发展，使得工厂自动化设备的互联成为可能。组态软件作为自动化系统"水平"和"垂直"集成的桥梁和纽带，已经广泛应用于工业自动化的各个领域。组态监控技术为实施数据采集、过程监控、生产控制提供了基础平台，与检测部件、控制部件构成复杂的应用系统，在节能、提高计量精度、改善产品质量、完成部门间精确传递生产信息等方面发挥核心作用，有利于企业消除信息孤岛、降低运作成本、提高生产效率、加快市场反应速度。

基于对生产线数据的采集和产品质量跟踪、追溯，需要一套高度精细化和智能化的生产执行系统来控制整个生产过程，以使生产向制造柔性化和管理精细化方向发展，提高市场应对的实时性和灵活性，降低不良品率，改善生产线的运行效率，加强生产现场数据采集和在制品管理、产品质量和售后服务能力，降低生产成本等，如图 1-10 所示。

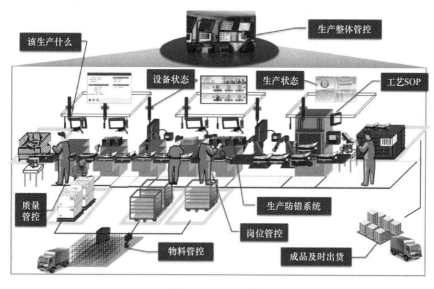

图 1-10　MES 系统

柔性制造单元（FMC）和柔性制造系统（FMS）：FMS 和 FMC 除了具有完善的 DNC 管理系统外，还有自动化仓库、物料搬运和装卸、刀具检测、预调和传送以及状态监控等硬件模块和相应的物流和刀具流控制软件。

自动化工厂（FA）：以自动化中央立体仓库为中心，由多条 FMS 及相应企业信息管理系统组成的高度综合自动化工厂（车间）。

1.1.4 自动生产线基本组成

以生产工程机械零件——挡圈的西门子自动生产线为例，该生产线主要由 AGV、机器人、PLC、环形输送线、车床、主控台、电脑、显示屏、软件等组成，如图 1-11 所示。两台 ABB 机器人的主要作用是对毛坯件进行上料、对加工成品进行归类存放。川崎机器人经控制系统主要负责从环形输送线上抓取存放工件送到数控机床进行加工，并把加工完成的工件从数控机床取出放回环形输送线。

图 1-11　自动生产线

自动生产线基本上下料流程如下：

（1）AGV 小车将带有毛坯的满载托盘送至 R1 取件位置。

（2）机器人 R1 带动抓手 GR01 抓取毛坯托盘到毛坯料架上 TAB01。

（3）机器人 R2 随地导轨移动，带抓手 GR02 依次从毛料托盘上抓取工件到输送线上。

（4）PLC 计数。当一个毛坯托盘上的工件抓取完后，机器人 R1 抓毛坯托盘到 AGV 料架上，AGV 输送到人工上件位。

（5）当成品料架上放有成品托盘时，机器人 R2 随地导轨移动抓取成品工件依次放置到成品托盘上。

（6）PLC 计数。当一个成品托盘上的工件放满后，机器人 R1 抓成品托盘到 AGV 料架上，AGV 输送到人工上件位。

（7）当收到工件为废品时，机器人 R2 抓取废品工件到废品托盘。

（8）PLC 计数。当废品托盘满料后，机器人 R1 抓取废品托盘到 AVG 料架上，AGV 将废品托盘送回下料。

（9）环形输送线实现毛坯和成品的运送，运送工件的托盘，有可读写的芯片，能识别工件的状态。

（10）加工单元由两台数控车床（图1-12）组成，能实现工件自动夹紧，机器人回到原位后，能自动关闭防护门，并执行加工程序。加工完毕，自动打开防护门，等待机器人取件。

图1-12　数控车床

自动生产线的控制由主控制台负责，自动线的集中控制命令由上位机发送，同时也可以从触摸屏进行控制，如图1-13所示。

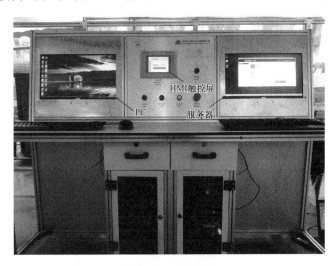

图1-13　主控制台

触摸屏主要实现在现场对自动线的直接操作控制和监控线体实时状态，能够直观地实现页面切换和操作。

线体的控制可在HMI的触摸屏（图1-14）上，按启动和停止线体就可以启动和停止环形输送线。

在主控制台，能对工件托盘的状态进行监控，可以对PLC的组网是否正常进行查看，并对PLC出现的故障进行诊断，以及对机器人等各个控制对象进行监控。

可利用 MES 系统进行排产计划的实施。利用数字孪生技术可以对整条线体进行虚拟仿真，实时显示当前线体的工作情况。

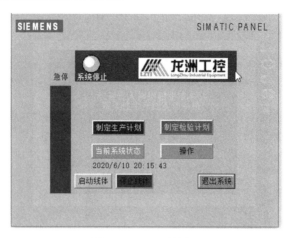

图 1-14　HMI 触摸屏

1.1.5　安全作业与劳动保护

按照安全作业要求，查看《安全操作规程》，对各个危险工位动作时可能产生危险的区域进行危险预判。

根据《自动生产线使用说明书》明确自动生产线环境的作业区域，整个自动生产线区域均有围栏进行安全隔离，如果需要进入工位进行调试保养作业等，必须按照安全操作规程进行。尤其是对机器人工位、数控机床加工工位等极易发生危险的环境，必须双人进行，不允许单人进行作业。

进入工作区域必须按照劳保用品穿戴规范着装，正确佩戴安全帽，并按照规程和标示进行训练。劳保用品穿戴标准如图 1-15 所示。安全帽正确佩戴方式如图 1-16 所示。工位安全标示如图 1-17 所示。

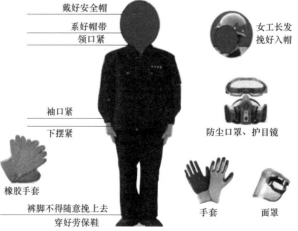

图 1-15　劳保用品穿戴标准

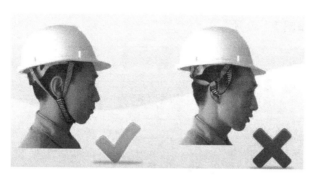

图1-16　安全帽正确佩戴方式

● **机器人区域的安全**

　　机器人可以在很短的时间，以很高的速度移动很大的距离，所以要特别注意安全，小心谨慎操作。

　　（1）机器人操作以"安全第一、预防为主"为原则。

　　（2）机器人操作人员了解并熟悉机器人操作手册及机器人编程手册中的内容及对操作人员的定义、机器人操作权限限制、操作安全注意事项等。没经过培训的人员，严禁操作机器人。

　　（3）机器人在运行和等待中，绝不可进入机器人的工作区域。安全标示如图1-18所示。在开机或启动机器人前，务必确认已符合各项安全条件，清除一切阻碍机器人运动范围内的阻挡物，同时不要试图操作机器人做危险动作，要使机器人立即停下来，请按紧急停止按钮。

图1-17　工位安全标示

图1-18　安全标示

　　（4）操作前请仔细阅读、完整理解操作、示教、维护等安全事项。连接电源电缆前，请确认供电电源电压、频率、电缆规格符合要求，确保机器人控制箱可靠接地，确认外部动力电源包含控制电源、气源能被切断。

　　（5）建议在安全围栏之外完成示教，但如果确实需要进入安全围栏内，请严格执行下述事项：

　　请清楚标示示教工作正在进行中，以免有人通过控制器、示教器等误操作机器人系统装置。

　　（6）完成示教工作后，请在围栏外确认工作，这时机器人的速度选择低速以下，直到运动确认正常。

　　（7）示教过程中，确认机器人的运动范围，不要靠近机器人或进入机器人手臂的下方。

各处安全标示如图 1-19 所示。

图 1-19 安全标示

示教和手动移动机器人时，应注意以下事项：

（1）禁止戴手套操作示教器和操作面板并使用专用的示教笔操作机器人。

（2）在点动操作机器人时要采用较低的速度比率以增加对机器人控制的机会。

（3）校正模式只能在做机械原点时使用，其他任何情形禁止使用。

进入现场对设备进行调试及维护时，请严格遵守以下事项：

（1）机器人急停开关（ESTOP）绝不允许被短接。

（2）禁止非专业人员检修和拆卸机器人任何部件，电控箱内有高压电，禁止带电维护和保养。

（3）进入安全围栏前，请确认所有的安全措施都已准备好并且功能良好。

（4）进入安全围栏前，请切断控制电源一直到机器人总电源，并放置清晰的标示"维护进行中"。

（5）在拆除关键轴的伺服电动机前，使用合适的提升装置支撑好机器人手臂，拆除电动机将使该轴电动机刹车失效，没有可靠支撑会造成手臂下掉。

课后作业

1. 填空题

（1）自动生产线通常由_____、_____、_____、_____、_____部分组成。

（2）工业自动化系统通常分为 5 级：_____、_____、_____、_____、_____。

（3）进入工作区域必须按照_____规范着装，正确佩戴好_____，并按照_____和_____进行训练。

2. 简答题

（1）简述自动生产线的应用场合有哪些。

（2）简述自动生产线对企业带来哪些帮助。

（3）简述自己见过的自动生产线，以及其应用场合。

（4）采用自动化设备能直接带来的效益包括哪些内容？

项目 2　生产线智能物流系统控制

项目引入

　　柔性生产线中毛坯的上料与成品的下料搬运采用基于型号为 CASUN5812 的 AGV（Automated Guided Vehicle）自动导引运输车，编写物料上下料程序，进行自动运行设置，建立 300PLC 与 AGV 小车之间的无线通信连接，实现 PLC 控制 AGV 小车自动搬运物料的功能。AGV 自动搬运车可双向运动，把物料托盘从上料位置放至固定上线台位置，此位置可以将毛坯工件托盘和加工完成的工件托盘进行上料和下料，通过磁条导引读取地标指令，根据设定站点的停靠，大大节省了人工成本。AGV 小车作业工位如图 2-1 所示。

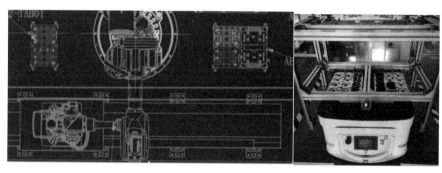

图 2-1　AGV 小车作业工位

　　如图 2-2 所示，本项目是整条柔性生产线中毛坯工件上料和成品工件下料的关键承载运输机构，是整条柔性生产线加工工件的起始输入端，也是成品工件输出柔性生产线的结束端。AGV 小车是整条柔性生产线与外界交互的端口，保障了系统的正常输入与输出。

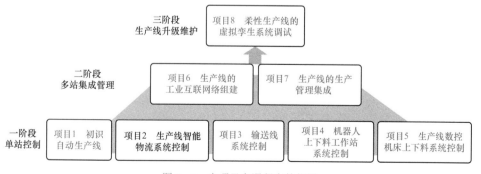

图 2-2　本项目在课程中的位置

项目学习目标

※ 素质目标：

1. 培养学生努力学习，实现科技强国的爱国主义情怀；

2. 培养安全作业能力及提高职业素养；

3. 培养较强的团队合作意识；

4. 养成规范的职业行为和习惯；

5. 养成执行工作严谨、认真的过程细节。

※ 知识目标：

1. 能熟悉 AGV 小车的基本结构，对小车的操作界面进行认识与了解；

2. 能了解小车运行过程中的注意事项，搭建地面运行环境；

3. 能清楚 PLC 的程序结构，能够建立 PLC 主程序和 AGV 控制子程序；

4. 能够保存程序、能寻找不丢失；

5. 能建立、保存和删除 AGV 的程序、功能或者函数；

6. 能进行 PLC 与 AGV 小车的网络组态及信号传输；

7. 能依据毛坯工件上下料搬运需求进行 AGV 小车的控制；

8. 能从 PLC 控制 AGV 小车自动运行；

9. 能根据实际需求，完成 AGV 小车的程序编制，完成系统的上料、下料安置；

10. 能对上下料系统进行日常点检。

※ 能力目标：

1. 具有探究学习、终身学习、分析问题和解决问题的能力；

2. 具有良好的语言、文字表达能力和沟通能力；

3. 具有本专业必需的信息技术应用和维护能力；

4. 能熟练利用 PLC 对 AGV 小车进行远程控制。

学习任务

任务 2.1 技术准备：AGV 控制界面设置。

任务 2.2 系统调试：AGV 智能物流控制系统功能调试。

任务 2.3 运行维保：AGV 小车日常点检

拓展任务 AGV 小车上下料的远程控制。

依托企业项目载体：柳州工程机械股份有限公司装载机挡圈零部件加工生产线。

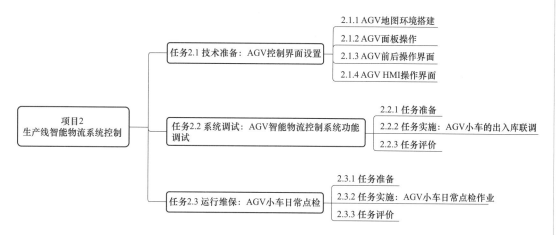

标准链接

★项目技能对应的证书标准、对接比赛技能点以及其他相关参考标准，如表2-1～表2-3所示。

表2-1　对应1+X证书标准

序号	对标1+X证书	扫描二维码查看
1	1+X证书"智能制造生产线集成应用职业技能等级标准"（2021年版）	
2	1+X证书"智能制造单元集成应用职业技能等级标准"（2021年版）	

表2-2　对接比赛技能点

序号	全国职业技能大赛	对应比赛技能点内容
1	2022年全国职业技能大赛 GZ-2022021"工业机器人技术应用"赛项规程及指南	任务三　自主导航AGV机器人调试 1）建立环境地图（15%）； 2）工业机器人与自主导航AGV的协同作业（30%）
2	2022年全国职业技能大赛 GZ-2022018"机器人系统集成"赛项规程及指南	任务一　系统方案设计（4%）； 任务三　硬件搭建及电气接线（8%）

表2-3　其他相关参考标准

序号	标准及规范	编码
1	可编程控制系统设计师国家职业标准	（职业编码 X2-02-13-10）
2	电工国家职业标准	（职业编码 6-07-06-05）
3	工业机器人安全规范	GB 11291—1997

任务2.1　技术准备：AGV控制界面设置

任务描述

　　型号为CASUN5812的AGV自动搬运车可以双向运动，通过磁条导引读取地标指令到设定站点停靠，以TiM3XX激光扫描器作为行进过程中障碍物的防撞感知机构，结合AGV自动搬运车的行进特性设置了独特的驱动与操作界面，小车的外观与操作布局如图2-3所示。

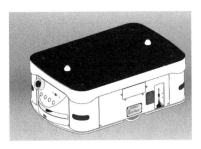

图2-3　三维AGV自动搬运车外观

学前准备

1. 了解AGV小车的运行环境；
2. 熟悉AGV小车的基本操作界面设置。

学习目标

※　素质目标：

1. 培养学生努力学习，实现科技强国的爱国主义情怀；
2. 培养安全作业及职业素养要求；
3. 培养较强的团队合作意识；
4. 养成规范的职业行为和习惯；
5. 养成执行工作严谨、认真的过程细节。

※　知识目标：

1. 能了解AGV小车运行原理；
2. 能熟练地构建AGV小车的运行环境，铺设地面磁条与芯片；
3. 能够熟悉AGV小车的基本操作界面与按钮功能；
4. 能通过操作界面对小车进行简单控制；
5. 能对其他零部件进行日常维护与调整参数。

※　能力目标：

1. 具有良好的语言、文字表达能力和沟通能力；
2. 能熟练对AGV小车进行面板控制，具有良好的操作能力。

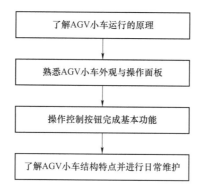

2.1.1 AGV 地图环境搭建

AGV 小车在使用前应根据小车使用环境说明书，有针对性地进行环境搭建。

1. 磁条的介绍

（1）磁条根据使用面的不同磁性，分 N 极磁条和 S 极磁条。

（2）磁条根据使用宽度的不同，分为 30 mm 磁条和 50 mm 磁条。

2. 磁条的铺设

铺设的地面要求：

（1）地面擦拭干净，无灰尘、水渍、油渍。

（2）地面平整，无坑洼。

（3）避开地下埋设有大功率电缆、不锈钢板等影响磁条磁性和读卡功能的区域。

（4）地面的坡度不能大于 3°，地面的缝隙小于 8 mm，地面台阶不能相差 5 mm。

磁条的铺设与电路走线相似，都要求横平竖直，磁条转弯处弧线要优美，如图 2-4 所示。直线要求笔直，最好用激光水平仪引导铺设，也可用卷尺量出磁条与固定参照物的距离，以此距离引导铺设。

图 2-4 磁条的铺设示意图

小贴士

党的二十大报告中提出，加快发展物联网，建设高效顺畅的流通体系，降低物流成本。加快发展数字经济，促进数字经济和实体经济深度融合，打造具有国际竞争力的数字产业集群。

知识拓展

磁条的分岔应与主磁条呈 45° 夹角，磁条分支回主磁条的夹角应在 30° 左右，如图 2-5 所示。

图 2-5　磁条的分岔铺设示意图

磁条弯道的铺设应达到远看美观，衔接自然，AGV 运行平稳的效果，如图 2-6 所示。

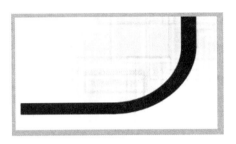

图 2-6　磁条弯道的铺设示意图

磁条有相交的地方，应尽量保持磁条垂直相交，磁条有重叠的地方，应切掉叠加在一起的一层磁条，如图 2-7 所示。要记住，只能有一层磁条铺设在地面上。

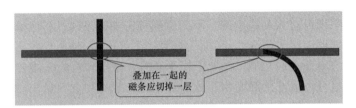

图 2-7　磁条有相交的铺设示意图

3. 贴地标

AGV 通过 RFID 读卡器读取 RFID 卡的方式来定义该地点的功能。按规范铺设 RFID 卡是非常有必要的。RFID 卡的铺设如图 2-8 所示。

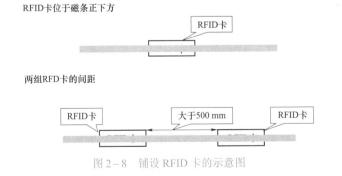

图 2-8　铺设 RFID 卡的示意图

RFID 卡的铺设：在铺 ID 卡时，卡的位置的选取非常重要，下面选取几种特殊功能的 ID 卡铺设位置讲解。铺设要点：

（1）AGV 的读卡器一定是先读到 ID 卡。

（2）AGV 读到 ID 卡后，减速缓慢运行。

（3）当 AGV 的地标传感器感应到 S 极地标时，AGV 立刻停止。

（4）AGV 读到 ID 卡缓慢行走到地标传感器感应到 S 极地标，这段时间应小于 5 s。

注意事项：由于 AGV 运行的速度较快，读到对接定位卡时，速度不会马上降下来，要向前运行一段距离才会缓慢运行，因此 AGV 不能读到 ID 卡后马上就感应到地标。

2.1.2 AGV 面板操作

AGV 面板是操作小车的主要设置途径，面板的各个按钮功能如表 2-4 所示，通过这些基本按钮能够实现 AGV 小车基本控制。

表 2-4 AGV 面板按钮功能表

按钮名称	按钮图片	操作方法	功能作用
启动/停止		按下启动/停止按钮，然后松开	AGV 运行或停止
紧急停止		按下紧急停止按钮，顺时针旋转按钮弹起	AGV 紧急停止并声光报警
复位		按下复位按钮，然后松开	解除报警状态及特定的停止状态
牵引手动		按下牵引手动按钮，然后松开	牵引棒上升或下降动作
方向切换		按下方向切换按钮，然后松开	AGV 切换运行方向

2.1.3 AGV 前后操作界面

AGV 小车分为前后面板，前后两个方向都可以操作小车。AGV 前控制面板按钮分布如图 2-9 所示。

1—急停按钮，AGV 急停按钮属于 AGV 自身急停，不影响 PLC 运行。

2—人机界面 HMI。

3—橙色环形金属按钮是 AGV 的程序复位按钮。

4—绿色环形金属按钮是 AGV 的启动按钮。

5—SICK 障碍物检测传感器。

6—SICK 传感器的底座，LED 常为绿色，表示设备正常。

AGV 后控制面板按钮分布如图 2-10 所示。

图 2-9　AGV 前控制面板

图 2-10　AGV 后控制面板图

1—急停按钮，AGV 急停按钮属于 AGV 自身急停，不影响 PLC 运行。

2—绿色环形金属按钮是 AGV 的启动按钮。

3—灰色环形金属按钮是 AGV 的方向切换按钮。

4—蓝色环形金属按钮是 AGV 的托盘上升下降按钮。

5—橙色环形金属按钮是 AGV 的程序电源开关按钮。

6—黑色触点是 AGV 与 AGV 遥控器的对接复位开关。

7—AGV 与 AGV 遥控器 LED 指示灯（详情参考 AGV 使用说明书）。

8—SICK 避障感应器。

9—SICK 避障感应器指示灯。

2.1.4　AGV HMI 操作界面

AGV 小车上有一块设置小车功能的 HMI 触摸屏，用于对小车进行功能的设置。触摸屏操作界面如图 2-11 所示。

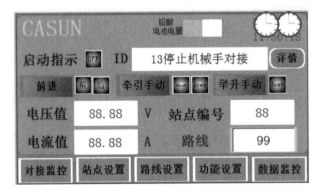

图 2-11　AGV 操作界面

在触摸屏操作界面，单击界面按钮可设置对应的功能，如表 2-5 所示。

表 2-5 触摸屏主界面

序号	按键名称	操作方法和功能	显示状态
1	前进/后退（双向 AGV 显示）	停止时单击更改 AGV 行走方向	前进与后退交替
2	ID 功能		显示 AGV 当前所读 ID 卡的功能
3	电压值		显示 AGV 电池电压值
4	电流值		显示 AGV 主电路电流值
5	站点编号		显示 AGV 当前所读 ID 卡的站点编号
6	路线	单击数字框可更改 AGV 行走路线号	显示 AGV 当前所行走的路线号
7	停止点	单击进入停止点设置窗口	
8	站点设置	单击进入 ID 卡读取窗口	
9	路线设置	单击进入 AGV 路线设置窗口	
10	功能设置	单击进入 AGV 功能设置窗口	
11	驱动手动	手动点击，驱动动作	UP 为上，DOWN 为下
12	牵引手动	手动点击，牵引棒动作	

1. 功能设置

在触摸屏操作界面，单击界面按钮可设置对应的功能，用户选择 user2 输入 Password：36689；可进入到触摸屏主界面，如图 2-12 所示。

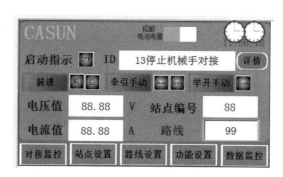

图 2-12 AGV 操作界面

按下"功能设置"按键进入密码输入界面，如图 2-13 所示。

选择 user2 输入 Password：36689，可进入功能设置界面修改参数设置和站点设置里的各项数据，如图 2-14 所示。

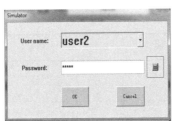

图 2-13　进入密码输入界面

2. 速度设置功能

各功能使用与说明：按下"速度设置"按键后，进入速度设置功能选择界面，如图 2-15 所示。

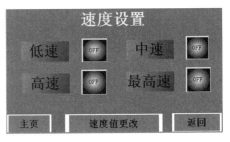

图 2-14　功能设置界面　　　　　　　　图 2-15　速度设置界面

"低速""中速""高速"相应的键可改变 AGV 行走速度，并且相对应速度的指示灯显示绿色，速度的改变功能也可通过读地标的方式实现。注："低速"为 10 m/min，"中速"为 20 m/min，"高速"为 35 m/min。"低速""中速"和"高速"的设置具有关电保持功能，即关闭 AGV 电源后再打开电源，设置仍然有效。"速度值更改"按钮里的功能是改变低速、中速、高速三个标准速度里的参数值（注：此项功能里的参数一般由专业工程人员改动，其他操作人员不可随意更改）。

3. 声音设置功能

按下"声音设置"按键进入声音设置功能界面，可以设置小车运行过程中的音乐效果及提示音乐效果，如图 2-16 所示。

4. 障碍物设置功能

按下"障碍物设置"功能按键进入障碍物设置功能界面。此界面可以对小车运行过程中前后传感器探测障碍物的区域远近及打开和关闭进行设置，如图 2-17 所示。

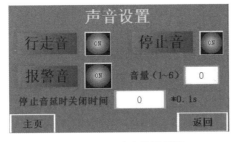
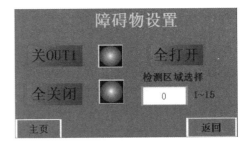

图 2-16　声音设置界面　　　　　　　　图 2-17　障碍物设置界面

单击"关 OUT1"按钮，指示灯显示绿色，可关闭 AGV 障碍物传感器"OUT1"输出点的信号，并且关闭"OUT1"的功能也可用读卡的方式实现。单击"全关闭"按钮，可关闭 AGV 障碍物传感器"OUT1"和"OUT2"输出点的信号，并且指示灯显示绿色，此时 AGV 障碍传感器检测障碍物的功能全部关闭。"全关闭"的功能也可用读卡的方式实现。注意：因为障碍物功能被全关闭后，AGV 将不能检测到障碍物，会对人或者物品造成不必要的伤害，所以为了人和物品的安全强烈建议不要把障碍物传感器全部关闭。

单击"全打开"按钮，可全部打开 AGV 障碍物传感器检测功能，即打开"OUT1""OUT2"输出点的信号，并且"关闭 OUT1"和"全关闭"指示灯显示红色。

注意："关闭 OUT1""全关闭""全打开"的设置具有掉电保持功能，即关闭 AGV 电源后再打开电源，设置仍然有效。

5. 参数设置功能

按下"参数设置"按键进入参数设置功能界面，包含放行、通信地址、减速停止时间、低电压报警、低电压停机、超载报警停机值的预设，小车在运行时有这些情况会触发相应动作，如图 2-18 所示。

按下"下一页"按键还可以设置直行时间、AGV 编号、充电路线、分岔时间、超载报警时间等预设，小车在运行时有这些情况会按照设置值进行相应工作，如图 2-19 所示。

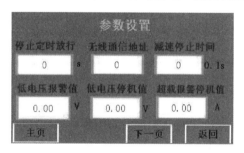

图 2-18　参数设置界面 1

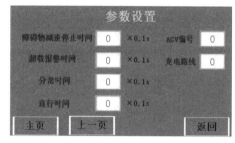

图 2-19　参数设置界面 2

"停止定时放行"设置：单击白色空格，输入停止时间（注：停止时间的设定范围为 0～99 s，请根据需要设定合适的停止时间），读卡器读到停止定时放行 RFID 卡时，AGV 停止一段时间后再自动继续前行。实际应用：一般应用于在物料车尾部进行牵引的 AGV，当 AGV 到达指定工位后，会停留一段时间，这个时间可以自行设定，方便员工在此期间把物料卸下。

（1）无线通信地址：用于设定无线通信的地址，出厂后已设定好。

（2）减速停止时间：设定 AGV 读到停止地标后从减速到停止的时间。

（3）低电压报警值：设定 AGV 的低电压报警值，出厂设置低电压报警值为 22.5 V。当 AGV 电池电压达到 22.5 V 时，AGV 会低电压报警提醒充电。

（4）低电压停机值：设定 AGV 的停机电压，出厂设置低电压停机值为 22 V。当 AGV 电池电压达到 22 V 时，AGV 会停止工作。

（5）超载报警停机值：设定 AGV 过载时的停机电流，出厂设定值为 12 A。

（6）障碍物减速停止时间：设定 AGV 检测到障碍物后先减速后停止的时间。

（7）充电路线：设定 AGV 的充电路线号。

（8）分岔时间：设定 AGV 左分岔/右分岔的减速时间。

（9）直行时间：设定 AGV 直行命令执行时间。

（10）AGV 编号：设定 AGV 的编号。

6. I/O 监视功能

按下"I/O 监视功能"按键进入监视输入输出功能界面，用于小车运行过程中的 I/O 信号查看。可以通过界面中指示灯的变化情况很直观地看出各 I/O 信号的状态，便于维修时查看控制系统输入和输出情况，如图 2-20 所示。

按下"下一页"按键可监视后一页的 I/O 监视功能界面，如图 2-21 所示。

图 2-20　I/O 监视功能参数界面 1　　　　图 2-21　I/O 监视功能参数界面 2

7. 通信监视

按下"通信监视"按键进入通信监视状态界面，磁导航传感器上有 16 个输入信号点，可以通过通信监视界面，很直观地看出每个传感器上信号输入的情况，便于维修和调试使用，16 个输入点未感应时，状态栏显示为"0"，传感器感应到磁条时状态栏显示为"1"（0 为无信号，1 为有信号）。备注：单击"？"，即可弹出当前界面的操作和功能说明，如图 2-22 所示。

8. 读卡历史

读卡历史：显示最近所读到的 40 个站点的站点编号；显示最近所读到的 40 条路线的功能号，通过这里可以看到预设的站点和线路信息，如图 2-23 所示。

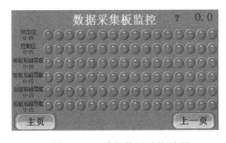
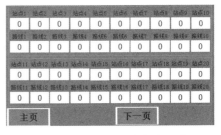

图 2-22　通信监视功能界面　　　　图 2-23　读卡历史查看界面

9. 站点设置功能

设置 RFID 卡的操作步骤：单击站点编号设置框，起始选择站点编号为 1。将准备设置的 RFID 卡在 RFID 读卡器上刷一下，读卡器检测到 RFID 卡后会有声音提示，触摸屏卡号显示区会显示出对应 RFID 卡上的 ID 号码，如图 2-24 所示。站点是小车行进过程中识别位置及触发相应预设功能的重要读卡步骤。

按下"保存"键，站点设置所读取的 RFID 卡卡号信息被保存到 AGV 控制系统中。"左移"和"右移"按键为选择站点的编号。"主页"为返回触摸屏主界面。如果不知道如何操作，请单击"？"。

10. 路线设置功能

按下"路线设置"按键进入路线设置画面。线路设置是 AGV 小车运行过程中预定的规划线路标志，要根据小车行进的路径进行规划，如图 2-25 所示。

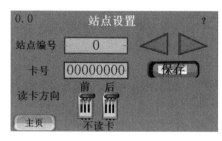

图 2-24　站点设置功能设置界面

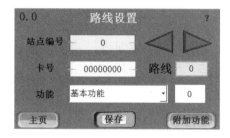

图 2-25　路线设置界面

站点编号和卡号：与站点设置中所读取的 RFID 卡卡号和站点编号信息一一对应。单击"站点编号"数字输入框，可以输入任意想要选择的站点编号。

左移和右移：手动顺序选择站点编号。

路线：单击"路线"设置数字输入框可以输入任意想要选择的路线编号。

功能：单击"功能"选择框，即可选择 0～40 种 AGV 功能（具体功能已实际车体需求为准）。"？"如果不知道如何操作请单击路线设置。AGV 常用地标功能列表及注释如表 2-6 所示。

表 2-6　AGV 常用地标功能列表及注释

AGV 常用地标功能列表及注释			
序号	功能码	地标功能	注释
1	1	停止	暂停（可手动或调度放行）
2	2	可选择停止	
3	3	停止定时放行	读卡停止后时间到自动放行
4	4	结束	读卡结束等待放行
5	5	结束 2	读卡结束 2 等待放行
6	6	停止牵引棒上升	读卡停止，牵引棒上升自动放行
7	7	停止牵引棒下降	读卡停止，牵引棒下降自动放行
8	8	停止牵引棒切换	读卡停止，牵引棒上升/下降切换
9	9	左分叉	读卡减速左分叉
10	10	右分叉	读卡减速右分叉
11	11	左直行	直行时屏蔽右侧磁条干扰
12	12	右直行	直行时屏蔽左侧磁条干扰
13	13	停止机械手对接	停止与自动充电机对接
14	14	低电压切换路线	AGV 低电压时自动切换充电路线
15	15	信道修改 1	信道修改实现无线功能

路线设置各功能说明：

停止功能：读卡器读到此地标时，人机界面会显示如下，当前站点会显示为"1"。停止地标一般设置在 AGV 车的起始点，AGV 读取停止地标后，按一下控制面板上的黄色"复位/放行"键，AGV 即可继续运行。

停止定时放行功能：读卡器读到此地标时，AGV 停止一段时间后再继续前行，选择好功能后，按保存键保存即可。实际应用：一般应用于在物料车尾部进行牵引的 AGV，当 AGV 到达指定工位后，会停留一段时间，这个时间可以自行设定，方便员工在此期间把物料卸下。

结束功能：读卡器读到此地标时，AGV 停止等待放行信号或改变路线信号，选择好功能后，按保存键保存即可。

结束 2 功能：读卡器读到此地标时，AGV 停止等待放行信号或改变路线信号，选择好功能后，按保存键保存即可。

牵引棒上升功能：读卡器读到此地标时，AGV 会停止前进，直到牵引棒完全升起为止，如果在读到牵引棒上升的地标以前，牵引棒已经上升到位，那么再读到此地标时，牵引棒将不会有动作，选择好功能后，按保存键保存即可。

实际应用：在拉物料车的地方，提前设置牵引棒上升地标，把物料车放在通道上的磁条上，尽量使磁条位于物料车的正中位置，AGV 在牵引棒上升后会自动走到物料车下把物料拉走。

牵引棒下降功能：读卡器读到此地标时，AGV 会停止前进，直到牵引棒完全下降为止，如果在读到牵引棒下降地标以前牵引棒已经下降，再读到此地标时，牵引棒将不会有动作，选择好功能后，按保存键保存即可。

牵引棒切换功能：读卡器读到此地标时，AGV 会停止前进，进行牵引棒切换动作，若本来为上则自动切换为下，若本来为下则自动切换为上，选择好功能后，按保存键保存即可。

左分叉功能：读卡器读到此地标时，AGV 会减速行走，并保持此功能 8 s，如果 8 s 之内遇见左转弯磁条，AGV 将会转弯，否则此功能将会自动复位，即如果 AGV 在 8 s 内没有遇到左转弯磁条，即使 AGV 再次遇到左转弯磁条也不会转弯，选择好功能后，按保存键保存即可。注意：贴分叉地标处距离分叉处 650 mm 左右，分叉处磁条的弧度在 50° 左右。

右分叉功能：读卡器读到此地标时，AGV 会减速行走，并保持此功能 8 s，如果 8 s 之内遇见右转弯磁条，AGV 将会右转弯，否则此功能将会自动复位，即如果 AGV 在 8 s 内没有遇到右转弯磁条，即使 AGV 再次遇到右转弯磁条也不会转弯，选择好功能后，按保存键保存即可。

左直行功能：读卡器读到此地标时，AGV 继续直行并屏蔽掉右侧磁条干扰，选择好功能后，按保存键保存。

右直行功能：读卡器读到此地标时，AGV 继续直行并屏蔽掉右侧磁条干扰，选择好功能后，按保存键保存。

停止充电对接功能：读卡器读到此地标时，AGV 减速停止与自动充电机对接，选择好功能后，按保存键保存即可。

低电压切换路线功能：读卡器读到此地标时，AGV 自动切换为设置好的充电路线，选择好功能后，按保存键保存即可。

设置完成后可在图 2-26 查看小车运行时读卡时的信息显示。

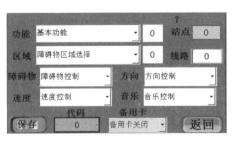

图 2-26　设置界面

任务 2.2　系统调试：AGV 智能物流控制系统功能调试

任务描述

  AGV 小车将盛放毛坯件的托盘放置在车顶的置物台上，PLC 控制小车按照指定路线，逐步识别地面的磁条，抵达指定的上料架位置将毛坯件托盘输入到柔性系统内。完成加工的工件由 PLC 控制 AGV 小车将成品托盘输出到指定位置，由此完成了工件毛坯的上料与成品工件的下料。AGV 小车工作示意图如图 2-27 所示。

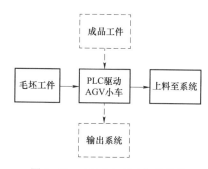

图 2-27　AGV 小车工作示意图

学前准备

1. 熟悉 AGV 小车的基本结构；
2. 了解 STEP7 软件使用说明书内容。

学习目标

  ※　素质目标：

1. 培养安全作业能力及提升职业素养；
2. 培养较强的团队合作意识；
3. 养成规范的职业行为和习惯。

  ※　知识目标：

1. 能熟悉 AGV 小车的基本结构，对小车的操作界面进行认识与了解；
2. 能清楚 PLC 的程序结构，能够建立 PLC 主程序和 AGV 控制子程序；
3. 能够保存程序、能寻找不丢失；
4. 能建立、保存和删除 AGV 的程序、功能或者函数；
5. 能依据毛坯工件上下料搬运需求进行 AGV 小车的控制；
6. 能对上下料系统进行日常点检。

※ 能力目标：

1. 具有良好的语言、文字表达能力和沟通能力；
2. 能熟练对 AGV 小车进行现场编程。

学习流程

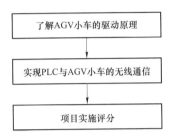

```
了解AGV小车的驱动原理
        ↓
实现PLC与AGV小车的无线通信
        ↓
    项目实施评分
```

2.2.1 任务准备

2.2.1.1 工作着装准备

进行机器人工位作业时，全程必须按照要求穿着工装和电气绝缘鞋，正确穿戴安全帽，如图 2-28 所示。

图 2-28 正确佩戴劳保用品

2.1.1.2 AGV 自动导引运输车操作安全工作准备

（1）AGV 自动导引运输车的操作员应当对其有充分的了解，做好安全防护和设备紧急情况的应对措施。

（2）操作机器人时或进入 AGV 小车的运行范围内时，必须戴安全帽及穿安全鞋，并穿防护衣服。

（3）经常注意 AGV 小车的运行状态，避免未及时发现小车出现危险的情况而发生事故。

（4）发现有异常时，请立即按下紧急停止按钮。

（5）执行示教时，请注意确认程序号码或步进号码进行操作。以错误的程序或步进编辑，可能会发生事故。

（6）编辑完程序后，请开启存储保护功能以防止被误加编辑。

（7）示教作业结束后，请清扫防护栅内部，确认没有遗留的工具等。

（8）作业开始或结束时，必须留意整理、整顿及清扫工作。

（9）作业开始时必须依照核对清单执行日常检查。

（10）在防护栅内的出入口，挂上"运转中禁止入内"的牌子，作业人员要彻底执行。

（11）自动运转开始时，请确认防护栅内设有作业人员。

（12）自动运转开始时，请在立即可按下紧急按钮的状态下启动。

（13）请平常就掌握理解 AGV 小车的动作路径、动作状态及语音提示，要能判断是否有异常状态。提前对小车可能出现的异样及时进行检查。

2.2.1.3　PLC 程序结构说明

1. 基本程序结构

PLC 控制的 ABB 搬运机器人的程序统一存放在线性机械手控制柜中的 300PLC 中，"程序块"文件夹存放着整个工作站的程序，又分别存放在"1PLC""11SZ""Lib"子文件夹下。详细见附件程序包，如图 2-29 所示。

Block, instance DB	Local	Languag	Location		Local data (for blocks
⊟ ▢ S7 Program					
⊟ ▢ CYCL_EXC (OB1) [maximum: 242+40]	[46]				[46]
⊟ ▢ FB_Mode (FB400), IDB_FB_Mode (DB400)	[64]	LAD	NW	3	[18]
⊖ MES_Interface (DB1001)	[64]	LAD	NW	1	[0]
⊖ HMI_Interface (DB1002)	[64]	LAD	NW	8	[0]
⊞▢ FB_EquipMode (FB110), IDB_FB_Mode (D...	[72]	LAD	NW	11	[8]
⊞▢ FB_EquipCycle (FB111)	[92]	LAD	NW	17	[28]
⊞▢ FB_EquipAir (FB113)	[74]	LAD	NW	19	[10]
▢ FB_EquipXOP (FB101)	[64]	LAD	NW	20	[0]
⊖ RackStatus (DB446)	[64]	LAD	NW	23	[0]
▢ FB_OP1 (FB421), IDB_FB_OP1 (DB421)	[48]	LAD	NW	4	[2]
⊞▢ Load Part (FC100)	[62]	LAD	NW	5	[16]
⊞▢ Unload Part (FC101)	[60]	LAD	NW	6	[14]
⊞▢ FB_Robot1 (FB440), IDB_FB_Robot1 (DB440)	[126]	LAD	NW	7	[80]
⊞▢ FB_Robot2 (FB441), IDB_FB_Robot2 (DB441)	[126]	LAD	NW	8	[80]
▢ Block Move (SFC20), MES_Interface (DB1001)	[46]	LAD	NW	9	[0]
⊖ R1LaodPartStack (DB442)	[46]	LAD	NW	9	[0]
⊞▢ FC_Alarm (FC1000)	[54]	LAD	NW	10	[8]
⊞▢ MOBY FC (FC45)	[192]	LAD	NW	11	[146]
⊞▢ MOBY FC (FC45)	[192]	LAD	NW	12	[146]
⊞▢ GET (FB14), IDB_FB_GET (DB14)	[242]	LAD	NW	13	[196]
▢ I/O_FLT1 (OB82)	[20]				[20]
▢ RACK_FLT (OB86)	[20]				[20]
⊞▢ COMPLETE RESTART (OB100)	[20]				[20]
▢ PROG_ERR (OB121)	[20]				[20]
▢ MOD_ERR (OB122)	[20]				[20]
⊗ IDB_FB_USEND (DB8)	[0]				[0]
⊗ IDB_FB_URCV (DB9)	[0]				[0]
⊗ IDB_FB_PUT (DB15)	[0]				[0]
⊗ MOBY Write-block (DB48)	[0]				[0]
⊗ Common (DB100)	[0]				[0]
⊗ R1UnlaodPartStack (DB443)	[0]				[0]
⊗ MovePartData (DB1606)	[0]				[0]
⊞⊗ USEND (FB8)	[184]				[184]
⊞⊗ URCV (FB9)	[186]				[186]

图 2-29　工作站的程序框架

2. 控制 AGV 小车程序结构

PLC 主程序 OB1 调用 FB120 时 AGV 启动时序块，结构如图 2-30 所示。

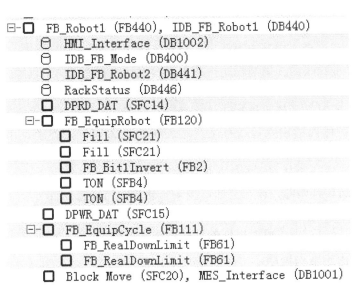

```
□─□   FB_Robot1 (FB440), IDB_FB_Robot1 (DB440)
      ⊖  HMI_Interface (DB1002)
      ⊖  IDB_FB_Mode (DB400)
      ⊖  IDB_FB_Robot2 (DB441)
      ⊖  RackStatus (DB446)
      □  DPRD_DAT (SFC14)
   □─□  FB_EquipRobot (FB120)
         □  Fill (SFC21)
         □  Fill (SFC21)
         □  FB_Bit1Invert (FB2)
         □  TON (SFB4)
         □  TON (SFB4)
      □  DPWR_DAT (SFC15)
   □─□  FB_EquipCycle (FB111)
         □  FB_RealDownLimit (FB61)
         □  FB_RealDownLimit (FB61)
      □  Block Move (SFC20), MES_Interface (DB1001)
```

图 2-30 控制机器人的程序结构

3. PLC 控制 AGV 小车

FB120 控制 AGV 启动运行程序，符合小车启动条件时小车工作，如图 2-31 所示。

□ **程序段 20**：AGVStart 上料启动

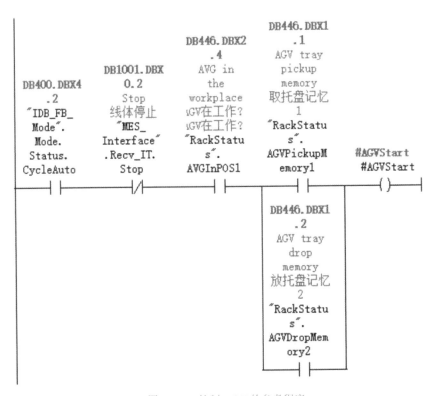

图 2-31 控制 AGV 的参考程序

符合上料条件时小车工作，如图 2-32 所示。

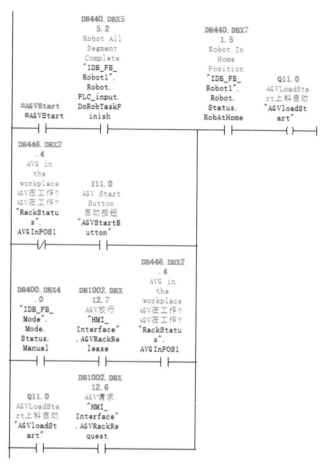

图 2-32　控制 AGV 上料参考程序

AGV 小车在工作位时，反馈回 PLC 的信号，如图 2-33 所示。

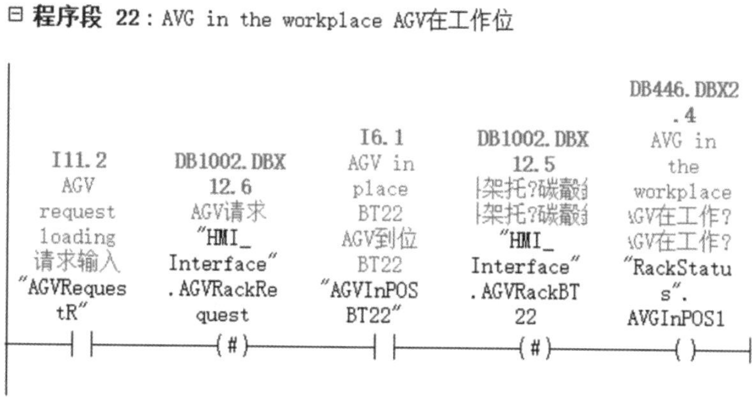

程序段 22：AVG in the workplace AGV在工作位

图 2-33　AGV 工作位信号参考程序

2.2.2 任务实施：AGV 小车的出入库联调

首先编写 AGV 小车运行过程中的路线编号程序：毛坯工件上料路线；成品工件下料路线。然后 PLC 通过无线传输模块将驱动信号传输到 AGV 小车控制小车，选择不同的运行路线，完成上下料动作。最后对运行过程控制效果进行评价，总结小车上下料的效率。

步骤 1：AGV 地标选择及设置。

根据 AGV 地标及实际场地要求，填写地标功能表格，完成 AGV 小车的上料动作地标设定，如表 2-7 所示。参考上料工艺：手动小车启动，播放音乐 1，右拐 90°，播放音乐 2，前进至库位，播放音乐 3，提升料架。

表 2-7 AGV 常用地标功能列表及注释

AGV 常用地标功能列表及注释			
序号	功能码	地标功能	注释
1			
2			
3			
4			
5			
6			
7			
8			
9			
10			
11			
12			
13			
14			
15			

步骤 2：单步程序整体调试。

编写一个简单的搬运挡圈托架的动作程序，要求有能接受信号自动运行程序。之后单击"启动"按钮开始，进行单步程序整体调试，观察 AGV 上料运动是否满足要求。

步骤 3：PLC 发送开始信号到 AGV 小车。

PLC 可通过无线模块与 AGV 小车的端口配置，实现 PLC 到 AGV 小车的通信。

步骤 4：PLC 启动程序控制 AGV 小车。

按下 PLC 启动按钮，查看 AGV 侧信号是否能收到，如果通信正常可以加入启动停止功能进行联调控制。

步骤 5：联调动作测试。

测试 PLC 与 AGV 的动作是否成功，操作步骤如下：

（1）AGV 小车进入启动地标，等待远程命令运行信号。

（2）在 AGV 控制柜面板上调整为自动模式。

以上步骤完成后，按下"启动"按钮，即可运行全部自动搬运上料程序。

2.2.3 任务评价

项目实施评分表见表 2-8。

表 2-8 项目实施评分表

序号	项目	自评分	小组评分	存在问题
1	AGV 的本体控制设置是否正确（10 分）			
2	AGV 转向是否正确（10 分）			
3	AGV 前进后退是否正确（10 分）			
4	AGV 音乐播放是否正确（10 分）			
5	AGV 提升下降功能是否正确（10 分）			
6	PLC300 与 AGV 的控制程序是否正确（10 分）			
7	AGV 路线和站点信号配置是否正确（10 分）			
8	验证路线行走及提升是否正确（10 分）			
9	PLC 控制 AGV 搬运上料过程是否正确（10 分）			
10	职业素养（10 分）			
	总分（100 分）			

任务 2.3　运行维保：AGV 小车日常点检

任务描述

　　上下料系统的日常点检是持续保持设备安全正常工作的必备环节。设备在使用前后需要进行班前和班后的日常点检。工业机器人进行维修和检查时，确认主电源已经关闭，按照点检流程逐一进行。

学前准备

　　1. AGV 小车说明书；
　　2. 点检文件。

学习目标

　　※　素质目标：
　　1. 养成规范的职业行为和习惯；
　　2. 养成执行工作严谨、认真的过程细节。
　　※　知识目标：
　　1. 熟悉生产线设备日常保养的内容、方法和手段；
　　2. 能对机器人上下料工作站进行日常点检作业。
　　※　能力目标：
　　1. 具有良好的语言、文字表达能力和沟通能力；
　　2. 具有本专业必需的信息技术应用和维护能力。

学习流程

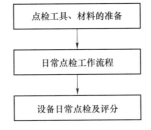

2.3.1　任务准备

　　点检，是按照一定标准、一定周期对设备规定的部位进行检查，以便早期发现设备故障隐患，及时加以修理调整，使设备保持其规定功能的设备管理方法。设备点检制不仅仅是一种检查方式，更是一种制度和管理方法。

2.3.1.1　点检工具、材料准备

点检所需要的日常工具和材料有：

（1）清洁工具、材料：扫帚、铲子、刷子、棉纱、毛巾、清洁剂等。

（2）润滑工具：油壶、油枪。

（3）紧固工具：螺丝刀、活动扳手。

（4）个人防护用品：工作服、防水胶手套。

2.3.1.2　日常点检工作流程

日常点检主要是在班前和班后进行：检查、清扫、润滑、紧固。AGV 小车进行维修和检查时，确认主电源已经关闭，按照如下步骤进行点检：

（1）开机前的检查；

（2）填写设备点检表；

（3）班后设备清扫；

（4）设备复位；

（5）工具归位（按"5S"定置）；

（6）填写设备交接班记录表。

设备日常维护工具如图 2–34 所示。

图 2–34　设备日常维护工具

2.3.2　任务实施：AGV 小车日常点检作业

设备日常点检作业是指岗位生产人员（设备操作人员）每天根据设备日常点检标准书，对重要设备关键部位的声响、振动等运行状况，通过人的感官进行检查，并将检查结果记录在设备点检表中的工作。大部分点检内容通常班前按《设备日常点检作业标准》进行，如表 2–9 所示。

表 2-9　设备点检五感法内容

五感	检查部位	检查内容
眼看	润滑、液压	各仪表（包括电流、旋转、压力、温度和其他）的指示值以及指示灯的状态，将观察值与正常值对照
	冷却	油箱油量多少、管接头有无漏油、有无污染等
	磨损	水量多少、管接头有无漏油、有无变质等
	清洁	皮带松弛、龟裂、配线软管破损、焊接脱落
耳听	异响声	机床外表面有无脏物、生锈、掉漆等
		碰撞声：检查紧固部位螺栓松动、压缩机金属磨损情况
		金属声：检查齿轮咬合、联轴器轴套磨损以及轴承润滑情况
		轰鸣声：检查电气部件磁铁接触以及电动机缺相情况
		噪声
		断续声：检查轴承中混入异物情况
手摸	温度	电动机过载发热，润滑不良
	振动	往复运转设备的紧固螺栓松动，轴承磨耗、润滑不良、中心错位及旋转设备的不平衡，拧紧部位的松弛
鼻闻嗅味	烧焦味	电动机、变压器等有无因过热或短路引起的火花，或绝缘材料被烧坏等
	臭味	线圈、电动机的烧损，电气配线的烧损
	异味	气体等有无泄漏

日常点检流程如图 2-35 所示。

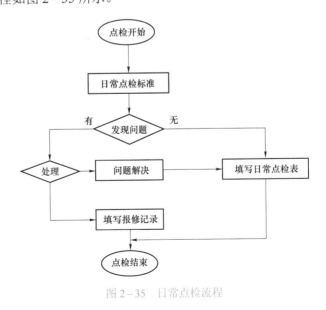

图 2-35　日常点检流程

设备正常的安全机构是保证人身安全的前提，安全机构检查应纳入日常点检范围内，机器人安全使用要遵循以下原则：不随意短接、不随意改造、不随意拆除、操作规范。

2.3.2.1 AGV 小车的日常检查内容

1. 进行小车电源的检查

检查方法：检查时确保电源开关处于关闭状态，红色常闭型急停按钮是否处于弹起状态，电源电量是否充足，以确保安全。

2. 激光传感器的检查

检查方法：检查镜面是否有异物、灰尘，可使用干净、柔软布料清除异物，由于传感器使用环境不同，因此应注意现场维护且需定期清理镜面环境。

3. 地面磁条芯片的检查

检查方法：观察铺设的磁条路径是否存在芯片缺失的情况，及时补充；如果存在磁条翘起和表面清洁等情况及时修整，防止小车识别不到芯片。

2.3.2.2 AGV 小车电气异常报警（见表 2-10）

表 2-10　AGV 小车电气异常报警原因及解决方法

序号	故障报警显示（触摸屏）	报警原因	解决方法
1	急停异常	急停开关被按下或开关和导线损坏，PLC 检测不到信号	复位急停开关或检查常闭信号是否正常
2	防撞机构异常	防撞机构接触障碍物体	按下复位按钮即可
3	障碍物异常	AGV 前方检测到障碍物	移动物体重新启动 AGV 即可
4	牵引棒异常	牵引棒上升或下降过程中未检测到上下限位信号	检查接近开关信号是否正常，若正常则检查接近开关是否松动（接近开关与感应装置间距离变大，接近开关感应距离 0～4 mm）
5	左驱动异常	PLC 未检测到左马达常闭报警信号	检查驱动器是否故障报警或报警信号线是否断开
6	右驱动异常	PLC 未检测到右马达常闭报警信号	检查驱动器是否故障报警或报警信号线是否断开
7	通信异常	PLC 与数据采集板未正常通信	检查 CIF11 扩展单元上接线是否错误
8	脱轨异常	AGV 脱离磁条轨道	检查磁导航上输入信号是否损坏（将磁条放在磁导航下方，左右移动并观察触摸屏功能设置中通信监视上的磁导航监视画面）
9	低电压报警	电池电压低于 AGV 低电压报警设置值	检查 AGV 低电压报警设置值是否为 22.5 V，测量电池电压，若电池电压低于 22.5 V，则需要立即充电
10	低电压停机	电池电压低于 AGV 低电压报警设置值	检查 AGV 低电压停机设置值是否为 22 V，测量电池电压，若电池电压低于 22 V，则需要立即充电
11	超载报警	AGV 因载重过大短时间内电流过大或驱动电机卡住	检查 AGV 超载报警设置值是否为 15 A

2.3.2.3 AGV 小车异常报警（见表 2-11）

表 2-11 AGV 小车异常报警的原因及解决方法

序号	故障显示 （目测，听闻）	报警原因	解决方法
1	牵引棒不动作（能听到电动机转动声音）	牵引机构主轴铜套内可能有灰尘、铁屑卡住，机构下端弹簧导柱未固定好	1. 清楚牵引机构铜套内灰尘及铁屑，加黄油润滑； 2. 将机构下端弹簧导柱固定好
2	AGV 行走过程中左右颠簸声音明显	脚轮损坏，磨破	1. 检查前后脚轮是否磨破（脚轮不同心导致出现 AGV 车体抖动）； 2. 更换脚轮
3	驱动上升后停不住直接下降了	1. 接近开关未感应到上限位； 2. 感应到上限位后短暂停止并直接下降（单向轴承损坏）	1. 调整接近开关位置； 2. 更换单向轴承
4	电池箱无法拖动	电池箱下轴承损坏	更换轴承

注意：① 严禁在不明确 AGV 电气或机械报警原因的情况下私自拆卸和改装 AGV 所有零部件。
② 必须在专业人员辅助下维修调试 AGV。

2.3.2.4 AGV 外观处理（见表 2-12）

表 2-12 AGV 外观保养项目及处理方法

序号	保养项目	处理方法	周期	备注
1	表面除尘	先用抹布蘸酒精擦洗，再用干抹布擦拭	1 次/月	不得用天那水擦洗（会擦掉油漆）
2	检查各零件螺丝螺母是否松动	用十字螺丝刀和 3~6 mm 内六角扳手逐一检查	2 周/次	
3	检查面板上不锈钢标签	检查标签是否挪动，更正位置（便于观察和美观）	1 次/月	
4	检查车体上是否有因碰撞造成的油漆小面积损坏	用与车体相同颜色油漆（手喷式）少量喷匀即可	1 次/月	不得用其他颜色油漆

2.3.3 任务评价

项目实施评分表见表 2-13。

表 2-13 项目实施评分表

序号	项目	自评分	小组评分	存在问题
1	AGV 的本体控制设置是否正确（20 分）			
2	PLC300 与 AGV 的控制程序是否正确（20 分）			
3	AGV 路线和站点信号配置是否正确（20 分）			

序号	项目	自评分	小组评分	存在问题
4	验证路线行走及提升是否正确（15 分）			
5	AGV 搬运上料过程是否正确（15 分）			
6	职业素养（10 分）			
	总分（100 分）			

拓展任务　AGV 小车上下料的远程控制

任务描述

　　结合 AGV 小车自动上料与下料过程的运行路线，利用 PLC 传输远程控制信号直接控制小车进行毛坯工件的上料或者是成品工件的下料，实现上料与下料功能的单独控制。

学前准备

　　1. AGV 小车说明书；
　　2. Step7 软件使用说明。

学习目标

　　※　素质目标：
　　1. 培养安全作业能力及提高职业素养；
　　2. 培养较强的团队合作意识；
　　3. 养成规范的职业行为和习惯。
　　※　知识目标：
　　1. 能完成对 AGV 小车与 PLC 远程控制的主要信号配置；
　　2. 能够保存程序、能寻找不丢失；
　　3. 能建立、保存和删除 PLC 的程序、功能或者函数；
　　4. 能编写 AGV 小车运行过程中路线的运行流程；
　　5. 能根据实际要求，完成 AGV 小车与 PLC 通过无线远程传输模块的通信。
　　※　能力目标：
　　1. 具有良好的语言、文字表达能力和沟通能力。
　　2. 能熟练对 AGV 小车进行现场编程。

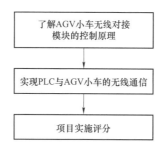

了解AGV小车无线对接
模块的控制原理

↓

实现PLC与AGV小车的无线通信

↓

项目实施评分

实现对 AGV 小车的分步骤控制可以更好地应对系统过程中毛坯料缺失过快或者过慢、成品工件输出过快或过慢，造成柔性生产线的工位空缺和拥堵。结合智能传感器对成品盘和毛料盘进行智能监控，实现上下料的灵活控制。

2.4.1　任务准备：梳理工艺流程

（1）规划 AGV 小车运行轨迹路线。

（2）无线模块驱动 AGV 小车。

① 了解 AGV 小车的驱动方式。

② 将无线模块的接口与 AGV 连接。

（3）PLC 传输对应的驱动信号；

（4）检验 AGV 小车的运行精度：

① 小车是否可以完整地运行上下料路线。

② 上下料过程中是否可以完成单独控制。

2.4.2　任务实施：PLC 发送数据至 AGV

PLC 与 AGV 采用无线模块进行通信连接，无线模块发送/接收盒子如图 2 – 36 所示。通过接线图可知，在 PLC 输出端的 Q11.0 接线至中间继电器 K7，常开触点接至 AGV 配套的无线通信模块的 X1 口，用于通过无线信号发送给 AGV 小车接收放行信号。PLC 输出至无线模块接线图如图 2 – 37、图 2 – 38 所示。

图 2 – 36　无线模块发送/接收盒

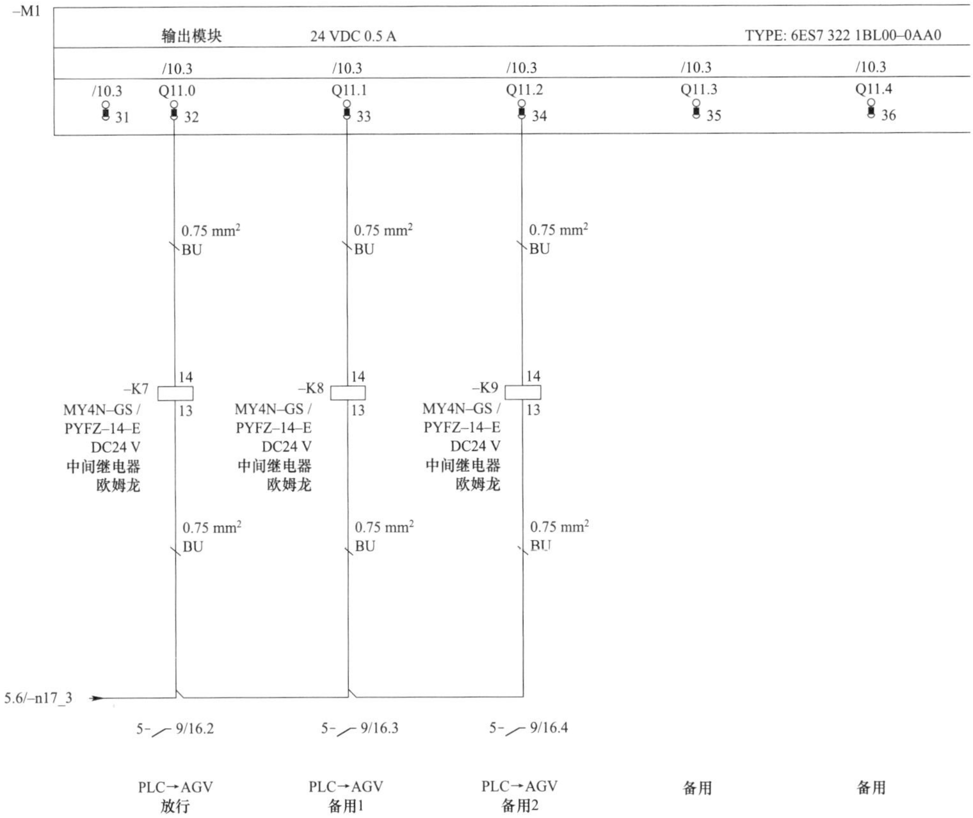

–M1

输出模块		24 VDC 0.5 A				TYPE: 6ES7 322 1BL00–0AA0

/10.3 /10.3 /10.3 /10.3 /10.3

/10.3
Q11.0   Q11.1   Q11.2   Q11.3   Q11.4
31 32   33   34   35   36

0.75 mm²   0.75 mm²   0.75 mm²
BU   BU   BU

–K7 14   –K8 14   –K9 14
13   13   13

MY4N–GS /   MY4N–GS /   MY4N–GS /
PYFZ–14–E   PYFZ–14–E   PYFZ–14–E
DC24 V   DC24 V   DC24 V
中间继电器   中间继电器   中间继电器
欧姆龙   欧姆龙   欧姆龙

0.75 mm²   0.75 mm²   0.75 mm²
BU   BU   BU

5.6/–n17_3

5– 9/16.2   5– 9/16.3   5– 9/16.4

PLC→AGV   PLC→AGV   PLC→AGV   备用   备用
放行   备用1   备用2

图 2-37 PLC 输出至无线模块接线图 1

–无线模块

X1   X2   X3   EN

–W72 1   2   3
8×0.34

+MCP2/16.2/–X1 +MCP2/16.3/–X2 +MCP2/16.4/–X3

PLC→AGV   PLC→AGV   PLC→AGV
放行   备用1   备用2

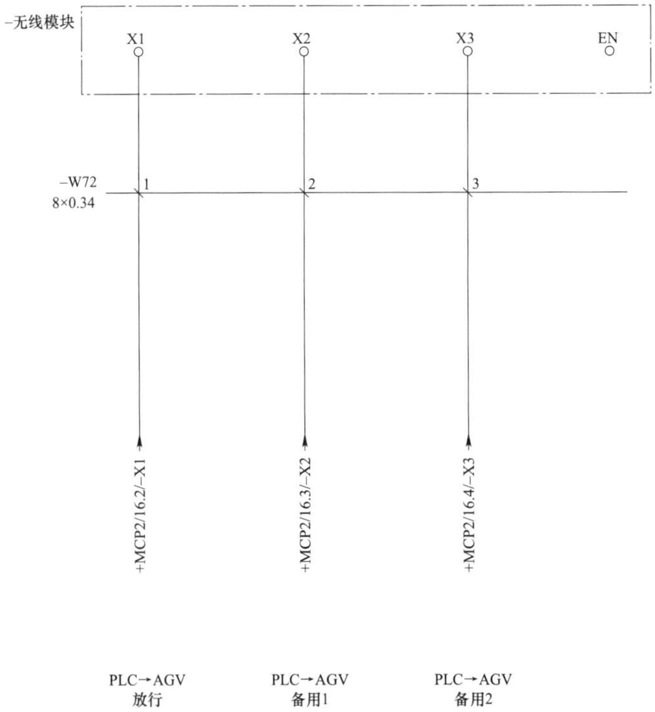

图 2-38 PLC 输出至无线模块接线图 2

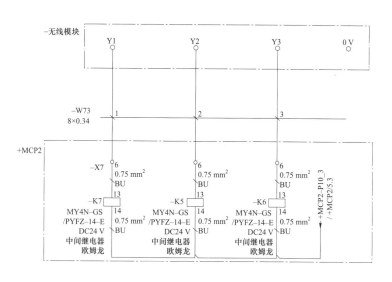

图 2-38　PLC 输出至无线模块接线图 2（续）

 课后作业

1. 填空题

（1）在 AGV 使用过程中，网络中的 PLC 与机器人需要同时通过_____和_____来确定。

（2）AGV 地标包含_____、_____。

（3）AGV 的读卡器一定是先读到_____。

2. 简答题

（1）简述 AGV 要完成自动运行，需要提前设置哪些步骤？

（2）AGV 系统一般应用在什么场合？

（3）简述 AGV 自动搬运控制系统设计流程。

项目 3　输送线系统控制

自动生产线由多个分区域部分组成，分别由 400PLC 主控区域、线性机械手 PLC 控制区域、数控加工搬运工位 CNC1 区域和数控加工搬运工位 CNC2 区域构成。项目需要完成线体所有 PLC 的硬件组态配置，包括网络配置。编写输送链的变频器运行控制程序、区域挡停程序、托盘的自动运行程序等，实现 PLC 控制自动生产线线体的节拍动作控制。输送线位置示意图如图 3-1 所示。

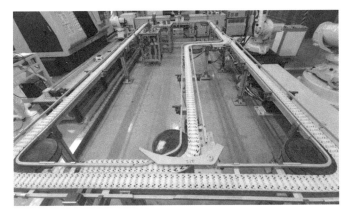

图 3-1　输送线位置示意图

本项目在整条柔性自动生产线中的主要功能是循环输送托盘，工位位置挡停和放行，同时具备 RFID 的对托盘的信息读写能力，根据每一道工序进行运行节拍控制，完成了本站点即可完成一条输送线的运行，用于配合其他站点进行顺序流程控制，完成托盘的运输工作，也为后续机器人的上下料、数控机床上下料流程做准备。本项目在课程中的位置如图 3-2 所示。

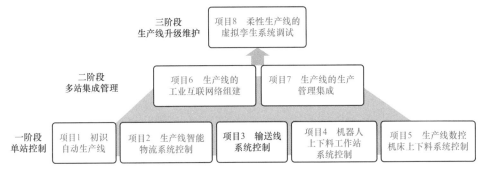

图 3-2　本项目在课程中的位置

项目学习目标

※ 素质目标：

1. 培养深厚的爱国情感和民族自豪感；
2. 培养安全作业能力及提高职业素养；
3. 培养较强的团队合作意识；
4. 养成规范的职业行为和习惯；
5. 养成执行工作严谨、认真的过程细节。

※ 知识目标：

1. 能针对自动生产线进行线体的所有 PLC 及远程 I/O 的 PROFIBUS–DP 硬件配置组态；
2. 能对自动生产线线体输送链中的变频器进行组态，并实现对输送链的变频控制；
3. 能依据自动生产线运行节拍进行线体区域工位的托盘挡停程序控制；
4. 能根据工艺要求，对 PLC 与远程 I/O 设备的通信地址查看信息，并利用通信地址进行编程；
5. 能够保存程序、能寻找不丢失；
6. 能建立、保存和删除 PLC 的程序、功能或者函数；
7. 能根据工艺节拍控制输送线的运动，完成托盘的挡停和放行；
8. 能了解 RFID 在自动生产线的应用场合；
9. 能掌握 RFID 的读写组态及参数查看；
10. 能利用 PLC 进行网络组态，能将 GSD 文件导入 PLC 组态中并建立与 RFID 的通信；
11. 能利用 RFID 进行地址配置及 PROFIBUS–DP 网络地址设置，能修改通信网络中的设备名称；
12. 能掌握 PLC 的程序结构，能够建立 PLC 主程序和 RFID 数据的读写；
13. 能对上下料系统进行日常点检。

※ 能力目标：

1. 具有探究学习、终身学习、分析问题和解决问题的能力；
2. 具有良好的语言、文字表达能力和沟通能力；
3. 具有本专业必需的信息技术应用和维护能力；
4. 能熟练根据输送线的工艺流程进行 PLC 编程。

学习任务

任务 1：技术准备 1：输送线网络系统构建
任务 2：技术准备 2：输送线 RFID 的数据读写
任务 3：系统调试：输送线控制系统功能调试
任务 4：运行维保：输送线日常点检
CNC2 工位的成品工件输送及 RFID 读写
依托企业项目载体：柳州工程机械股份有限公司装载机挡圈零部件加工生产线。

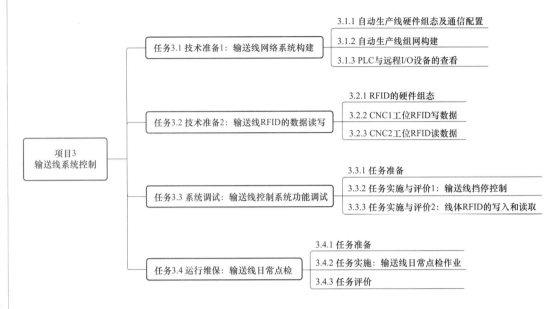

```
                                                    3.1.1 自动生产线硬件组态及通信配置
                            任务3.1 技术准备1：输送线网络系统构建  3.1.2 自动生产线组网构建
                                                    3.1.3 PLC与远程I/O设备的查看

                                                    3.2.1 RFID的硬件组态
                            任务3.2 技术准备2：输送线RFID的数据读写  3.2.2 CNC1工位RFID写数据
                                                    3.2.3 CNC2工位RFID读数据
    项目3
    输送线系统控制                                       3.3.1 任务准备
                            任务3.3 系统调试：输送线控制系统功能调试  3.3.2 任务实施与评价1：输送线挡停控制
                                                    3.3.3 任务实施与评价2：线体RFID的写入和读取

                                                    3.4.1 任务准备
                            任务3.4 运行维保：输送线日常点检  3.4.2 任务实施：输送线日常点检作业
                                                    3.4.3 任务评价
```

 标准链接

★项目技能对应的证书标准、对接技能比赛技能点及其他相关参考标准，如表 3-1～表 3-3 所示。

表 3-1　对应 1+X 证书标准

序号	对标 1+X 证书	扫描二维码查看
1	1+X 证书"智能制造生产线集成应用职业技能等级标准"（2021 年版）	
2	1+X 证书"智能制造单元集成应用职业技能等级标准"（2021 年版）	

表 3-2　对接比赛技能点

序号	全国职业技能大赛	对应比赛技能点内容
1	2022 年全国职业技能大赛 GZ-2022021 "工业机器人技术应用"赛项规程及指南	任务二 托盘流水线编程调试、装配流水线编程调试： 1）托盘流水线编程调试（15%） 2）装配流水线编程调试（15%） 任务四 变频器接线及参数设置
2	2022 年全国职业技能大赛 GZ-2022018 "机器人系统集成"赛项规程及指南	任务三 硬件搭建及电气接线（8%） 任务五 集成系统联调（15%）

表 3-3　其他相关参考标准

序号	标准及规范	编码
1	可编程控制系统设计师国家职业标准	（职业编码 X2-02-13-10）
2	电工国家职业标准	（职业编码 6-31-01-03）
3	电气设备安装工国家职业标准	（职业编码 6-23-10-02）
4	工业通信网络 现场总线规范 类型 I0：PROFINET IO 规范 第 3 部分：PROFINET IO 通信行规	GB/Z 25105.3—2010

任务 3.1　技术准备 1：输送线网络系统构建

3.1.1　自动生产线硬件组态及通信配置

任务描述

自动生产线线体的传送链控制，是实现自动生产线托盘在流水线上运转的重要控制环节。毛坯件的上下料，数控机床工位机器人抓取工件的上下料，托盘的挡停及放行动作和工艺节拍，都需要对线体输送链进行控制，如图 3-3 所示。PLC 与远程 I/O 通信示意图如图 3-4 所示。

图 3-3　自动生产线线体的输送链

图 3-4　PLC 与远程 I/O 通信示意图

学前准备

1. 西门子 MM440 变频器操作手册；
2. STEP7 软件使用说明书；
3. 亚德客气动说明手册；
4. 光电传感器说明手册。

学习目标

※　素质目标：

1. 培养深厚的爱国情感和民族自豪感；

2. 培养安全作业能力及提高职业素养；

3. 养成执行工作严谨、认真的过程细节。

※ 知识目标：

1. 能针对自动生产线进行线体的所有 PLC 及远程 I/O 的 PROFIBUS－DP 硬件配置组态；

2. 能对自动生产线线体输送链中的变频器进行组态，并实现对输送链的变频控制；

3. 能依据自动生产线运行节拍进行线体区域工位的托盘挡停程序控制；

4. 能根据工艺要求，对 PLC 与远程 I/O 设备的通信地址查看信息，并利用通信地址进行编程；

5. 能够保存程序、能寻找不丢失；

6. 能建立、保存和删除 PLC 的程序、功能或者函数；

7. 能根据工艺节拍控制输送线的运动完成托盘的挡停和放行；

8. 能对上下料系统进行日常点检。

※ 能力目标：

1. 具有探究学习、终身学习、分析问题和解决问题的能力；

2. 具有本专业必需的信息技术应用和维护能力。

学习流程

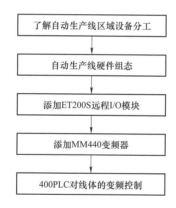

了解自动生产线区域设备分工

自动生产线硬件组态

添加ET200S远程I/O模块

添加MM440变频器

400PLC对线体的变频控制

小贴士

党的二十大报告中提出，在基本实现现代化的基础上，我们要继续奋斗，到 21 世纪中叶，把我国建设成为综合国力和国际影响力领先的社会主义现代化强国。

知识拓展

3.1.1.1　自动线整体布局

自动线系统总共有 4 个控制柜，共 5 台 PLC。

（1）S7－412－3 型号的两台 400PLC（其中一台为冗余），主要负责整个线体的联调控制，包括与各个站的信息交互。线体主控制系统如图 3－5 所示。线性机械手工位控制系统如图 3-6 所示。

图 3-5　线体主控制系统　　　　　　图 3-6　线性机械手工位控制系统

（2）线性机械手 PLC 主要完成线体在 ABB 机器人上下料工位的挡停控制，以及机器人上下料的控制。CNC1、CNC2 工位的控制系统分别如图 3-7、图 3-8 所示。

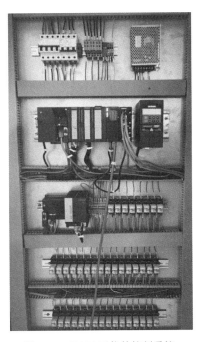 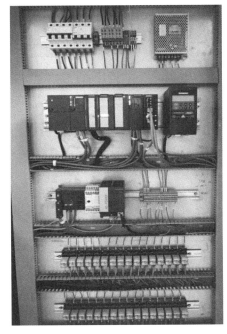

图 3-7　CNC1 工位的控制系统　　　　图 3-8　CNC2 工位的控制系统

（3）CNC1 和 CNC2 两台 PLC 分别控制这两个数控机床工位的川崎机器人上下料及线体挡停控制。

3.1.1.2　自动生产线区域设备分工

自动生产线划分为 A、B、C、D 四个区域工位，A 区域输送链的控制，由 400PLC

主控制系统负责该区域的线体挡停控制；B 区域输送链的控制，由线性机械手 PLC 负责该区域的线体挡停控制；C 区域输送链的控制，由数控机床 1 加工区域的 PLC 来负责该区域的线体挡停控制；D 区域输送链的控制，由数控机床 1 加工区域的 PLC 来负责该区域的线体挡停控制。整体布局区域示意图如图 3−9 所示。

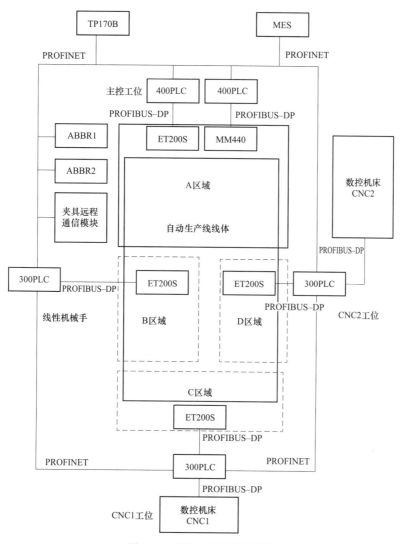

图 3−9　整体布局区域示意图

1. 400PLC 负责输送链 A 区域的控制

输送链 A 区域的控制，由一台 400PLC 和一台备用冗余 400PLC 组成的主控制系统构成，用于对整条线体的总控协调，并且与其他 PLC 进行通信。线体上的传感器和气动执行机构连接到一台 ET200S 远程 I/O 模块，线体输送链的运行由一台 MM440 变频器实现控制。设备间通过 PROFIBUS 现场总线进行通信。

400PLC 负责输送链 A 区域的控制部分由区域 1 和区域 2 组成，如图 3−10、图 3−11 所示。

图 3-10　自动生产线输送链 A 区域 1

图 3-11　自动生产线输送链 A 区域 2

2. 线性机械手 300PLC 负责 ABB 机器人上下料工位前的线体 B 区域控制

线性机械手区域的上下料部分，由一台 300PLC 和一台 ET200S 远程 I/O 模块进行通信连接，线体上的传感器和气动执行机构连接到 ET200S 模块。自动生产线输送链 B 区域如图 3-12 所示。

图 3-12　自动生产线输送链 B 区域

3. CNC1 300PLC 负责川崎机器人在数控机床 1 上下料工位前的线体 C 区域控制

数控机床 1 加工区域的上下料部分线体控制，由一台 300PLC 和一台 ET200S 远程 I/O 模块进行通信连接，线体上的传感器和气动执行机构连接到 ET200S 模块。自动生产线输送链 C 区域如图 3-13 所示。

4. CNC2 300PLC 负责川崎机器人在数控机床 2 上下料工位前的线体 D 区域控制

数控机床 2 加工区域的上下料部分线体控制，由一台 300PLC 和一台 ET200S 远程 I/O 模块进行通信连接，线体上的传感器和气动执行机构连接到 ET200S 模块。自动生产线输送链 D 区域如图 3-14 所示。

图 3-13　自动生产线输送链 C 区域

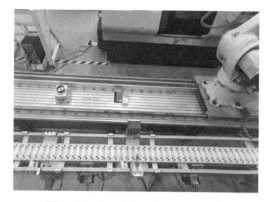
图 3-14　自动生产线输送链 D 区域

3.1.1.3　自动生产线硬件组态

1. 输送链 400PLC 硬件组态

在硬件组态中插入 1 台 400PLC 和 1 台备用冗余 400PLC 组成的主控制系统，按照实物 PLC 的硬件型号和订货号进行组态。然后在 DP 选项中添加对应的 ET200S 远程 I/O 模块，最后添加线体输送链中的 MM440 变频器。ET200 模块如图 3-15 所示。

图 3-15　ET200 模块

1）添加 CPU

单击 "插入对象" → "SIMATIC400" → "UR2-H" 选项，将主控 400PLC 加入机

架，然后对应将电源模块等按照图 3-16 要求进行硬件组态。再按照同样步骤将冗余 400PLC 进行硬件组态，最后对应地将 PLC 的 IP 地址按照表 3-4 进行设置。

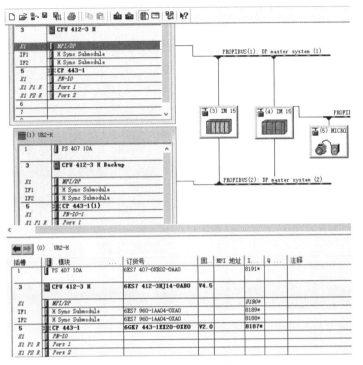

图 3-16　主控 PLC 的硬件组态

表 3-4　400PLC 站点硬件明细

序号	设备名称	订货号	DP/IP 网络地址	作用
1	PS 407 10A	6ES7 407 - 0KR02 - 0AA0		主控 PLC 电源模块
2	400PLC CPU 412 - 3H	6ES7 412 - 3HJ14 - 0AB0	2	主控 PLC
3	CP 443 - 1	6GK7 443 - 1EX20 - 0XE0	192.168.0.10	主控网络模块
4	PS 407 10A	6ES7 407 - 0KR02 - 0AA0		主控 PLC 电源模块
5	400PLC CPU 412 - 3H	6ES7 412 - 3HJ14 - 0AB0	2	备用冗余 PLC
6	CP 443 - 1	6GK7 443 - 1EX20 - 0XE0	192.168.0.11	备用冗余 PLC 网络模块
7	ET200S （IM153 - 2）	6ES7 153 - 2BA02 - 0XB0	3	线体上的传感器和气动执行机构
8	MM440	6ES6400 - 1PB00 - 0AA0	5	线体输送链运行控制

2）添加 ET200S 远程 I/O 模块

单击 400PLC 的 X1 口（MPI/DP），在"常规"→"接口"中选择"PROFIBUS-DP"，单击"属性"→"新建网络"选项，即可生成 PROFIBUS-DP 总线网络。

在硬件组态界面的右边配置文件菜单中，选择 PROFIBUS-DP 菜单下的 ET200S，将 IM153-2 模块拖入 PROFIBUS-DP 总线上，然后对其进行其他 I/O 模块的加入，按照表 3-4 进行配置。最后对 ET200S 的 DP 地址进行设置，设置为 3。ET200S 远程 I/O 模块组态如图 3-17 所示。

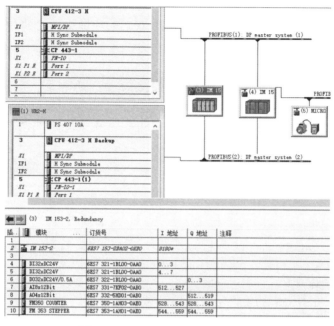

图 3-17　ET200S 远程 I/O 模块组态

3）添加 MM440 变频器

在硬件组态界面的右边配置文件菜单中，选择 PROFIBUS-DP 菜单下的 SIMOVERT，选择下拉的 MICROMASTER4 加入 PROFIBUS-DP 总线中，对 MM440 的 DP 地址进行设置，设置为 5。然后将通信控制字模块添加配置。MM440 变频器的组态如图 3-18 所示。

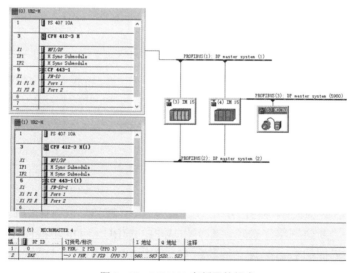

图 3-18　MM440 变频器的组态

2. 线性机械手 PLC 硬件组态

线性机械手区域的硬件组态中插入 1 台 300PLC 和 1 个 ET200S 远程 I/O 模块。

1）添加 CPU

单击"插入对象"→"SIMATIC300"，将 300PLC 加入机架，然后对应将电源模块、I/O 扩展模块等按照图 3-19 要求进行硬件组态。最后对应地将 PLC 的 IP 地址按照表 3-5 进行设置。

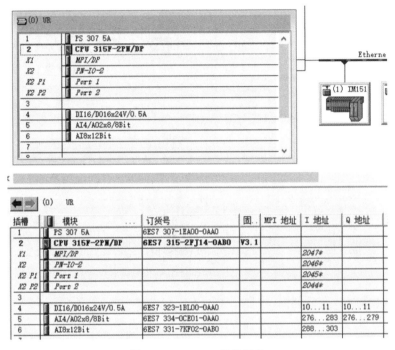

图 3-19　300PLC 硬件组态

表 3-5　线性机械手 PLC 站点硬件明细

序号	设备名称	订货号	DP/IP 网络地址	作用
1	PS 307 5A	6ES7 307-1EA00-0AA0		线性机械手 PLC 电源模块
2	300PLC 315F-2PN/DP	6ES7 315-2FJ14-0AB0	1 192.168.0.12	线性机械手 300PLC
3	DI/D0 模块	6ES7 323-1BL00-0AA0		数字输入/输出模块
4	ET200S（IM153-2）	6ES7 153-2BA02-0XB0	3	线体上的传感器和气动执行机构

2）添加 ET200S 远程 I/O 模块

单击 300PLC 的 X1 口（MPI/DP），在"常规"→"接口"中选择"PROFIBUS-DP"，单击"属性"→"新建网络"选项，即可生成 PROFIBUS-DP 总线网络。

在硬件组态界面的右边配置文件菜单中，选择 PROFIBUS-DP 菜单下的 ET200S，将 IM153-2 模块拖入 PROFIBUS-DP 总线上，然后对其进行其他 I/O 模块的加入，按照表 3-5 进行配置。最后对 ET200S 的 DP 地址进行设置，设置为 3。ET200S 硬件组态如图 3-20 所示。

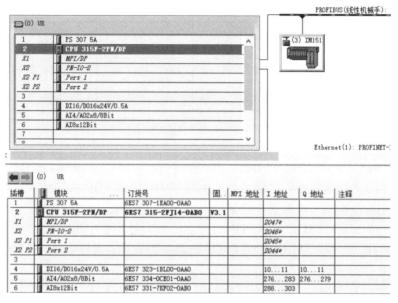

图 3-20　ET200S 硬件组态

3. CNC1 300PLC 硬件组态

CNC1 工位的硬件组态，插入 1 台 300PLC 和 1 个 ET200S 远程 I/O 模块。

1）添加 CPU

单击"插入对象"→"SIMATIC300"，将 300PLC 加入机架，然后对应将电源模块、I/O 扩展模块等按照图 3-21 要求进行硬件组态。最后对应地将 PLC 的 IP 地址按照表 3-6 进行设置。

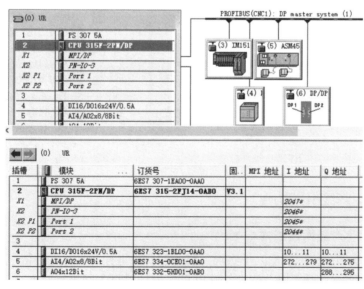

图 3-21　CNC1 300PLC 硬件组态

表 3 – 6　CNC1PLC 站点硬件明细表

序号	设备名称	订货号	DP/IP 地址	作用
1	PS 307 5A	6ES7 307 – 1EA00 – 0AA0		CNC1 PLC 电源模块
2	300PLC 315F – 2PN/DP	6ES7 315 – 2FJ14 – 0AB0	1 192.168.0.14	CNC1 300PLC
3	DI/D0 模块	6ES7 323 – 1BL00 – 0AA0		数字输入/输出模块
4	ET200S （IM153 – 2）	6ES7 153 – 2BA02 – 0XB0	3	线体上的传感器和气动执行机构

2）添加 ET200S 远程 I/O 模块

单击 300PLC 的 X1 口（MPI/DP），在"常规"→"接口"中选择"PROFIBUS – DP"，单击"属性"→"新建网络"选项，即可生成 PROFIBUS – DP 总线网络。

在硬件组态界面的右边配置文件菜单中，选择 PROFIBUS – DP 菜单下的 ET200S，将 IM153 – 2 模块拖入 PROFIBUS – DP 总线上，然后对其进行其他 I/O 模块的加入，按照表 3 – 6 进行配置。最后对 ET200S 的 DP 地址进行设置，设置为 3。ET200S 硬件组态如图 3 – 22 所示。

完成所有 PLC 的硬件组态，可以看到图 3 – 23 所示的 PLC 系统硬件。

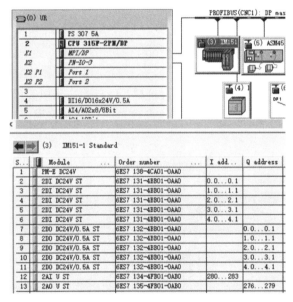

图 3 – 22　ET200S 硬件组态

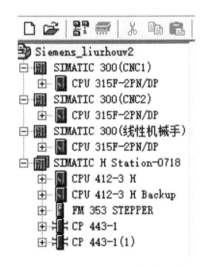

图 3 – 23　各个站点硬件组态一览

3.1.2　自动生产线组网构建

3.1.2.1　自动生产线网络组成

自动生产线的线体控制，为了实现工艺流程要求进行托盘工件的依序动作，还需要各个站 PLC 之间进行通信协调。各个站 PLC 之间通过以太网进行数据交换，如图 3 – 24 所示。

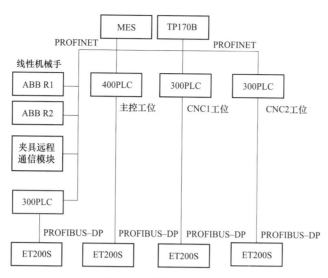

图 3-24　网络拓扑示意图

3.1.2.2　自动生产线网络组态

　　查看自动生产线网络组态全貌，在管理器页面单击"组态网络"图标按钮，可进入整个 PLC 网络查看页面，包含所有 PLC 连接情况，如图 3-25 所示。

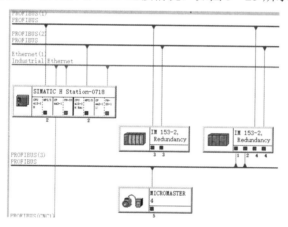

图 3-25　400 主控 PLC 连接设备

　　S7-315 PLC 与自己站点外部设备之间的通信是由 PROFIBUS-DP 工业现场总线进行配置来实现线体的数据交换的，如图 3-26～图 3-28 所示。

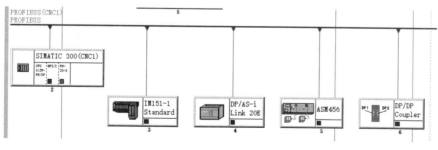

图 3-26　CNC1 PLC 连接设备

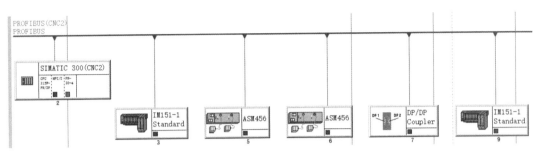

图 3-27　CNC2 PLC 连接设备

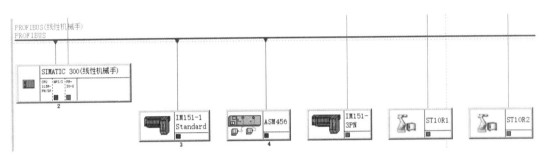

图 3-28　线性机械手 PLC 连接设备

3.1.3　PLC 与远程 I/O 设备的查看

自动生产线线体每个控制柜的 PLC 对应的站点除了主 PLC 外，还有外部设备与之连接通信，主要是通过 PROFIBUS-DP 工业现场总线进行通信，部分设备也通过 PROFINET 进行网络通信。

3.1.3.1　线性机械手站点的 DP 网络查看

在 STEP7 软件中，单击线性机械手站点的 PLC，进入硬件组态界面，可以看到挂在线性机械手站点 PLC 上的外部设备连接情况，包括 DP 地址等信息，如图 3-29~图 3-32所示。

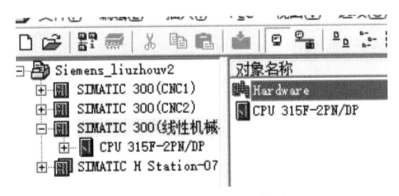

图 3-29　线性机械手 PLC 硬件组态

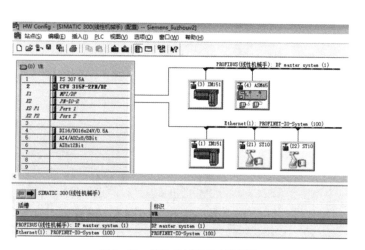

图 3－30　线性机械手站点的网络

本站点有1个PROFIBUS–DP网络，挂有两个设备：
1. 1个ET200S 远程I/O模块 (IM151)；
2. 1个ASM456模块 (RFID)。

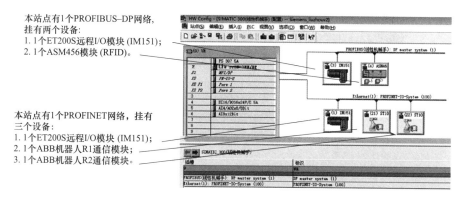

本站点有1个PROFINET网络，挂有三个设备：
1. 1个ET200S远程I/O模块 (IM151)；
2. 1个ABB机器人R1通信模块；
3. 1个ABB机器人R2通信模块。

图 3－31　设备组态查看

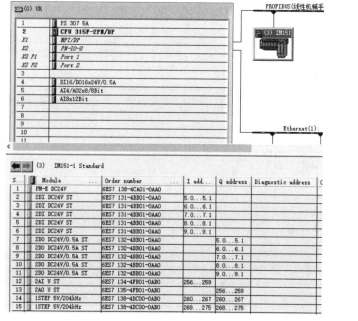

S..	Module	Order number	I add.	Q address	Diagnostic address	
1	PM-E DC24V	6ES7 138-4CA01-0AA0				
2	2DI DC24V ST	6ES7 131-4BB01-0AA0	5.0...5.1			
3	2DI DC24V ST	6ES7 131-4BB01-0AA0	6.0...6.1			
4	2DI DC24V ST	6ES7 131-4BB01-0AA0	7.0...7.1			
5	2DI DC24V ST	6ES7 131-4BB01-0AA0	8.0...8.1			
6	2DI DC24V ST	6ES7 131-4BB01-0AA0	9.0...9.1			
7	2DO DC24V/0.5A ST	6ES7 132-4BB01-0AA0		5.0...5.1		
8	2DO DC24V/0.5A ST	6ES7 132-4BB01-0AA0		6.0...6.1		
9	2DO DC24V/0.5A ST	6ES7 132-4BB01-0AA0		7.0...7.1		
10	2DO DC24V/0.5A ST	6ES7 132-4BB01-0AA0		8.0...8.1		
11	2DO DC24V/0.5A ST	6ES7 132-4BB01-0AA0		9.0...9.1		
12	2AI U ST	6ES7 134-4FB01-0AB0	256...259			
13	2AO U ST	6ES7 135-4FB01-0AB0		256...259		
14	1STEP 5V/204kHz	6ES7 138-4DC00-0AB0	260...267	260...267		
15	1STEP 5V/204kHz	6ES7 138-4DC00-0AB0	268...275	268...275		

图 3－32　远程 I/O 设备的查看

3.1.3.2　400PLC 对线体的变频控制

线体控制目标要求：采用西门子 412-3 DP 型号的 PLC 通过 PROFIBUS 现场总线与智能从站 MM440 变频器实现通信，实现线体的启停、速度控制。线体变频器控制电机位置如图 3-33 所示。

图 3-33　线体变频器控制电机位置

400PLC 和变频器的 PROFIBUS 地址分别为 2 和 5，发送"启/停""正/反转""速度设定值"等控制指令，变频器运行速度参数返回给 PLC 等。MM440 变频器参数设置如表 3-7 所示。

表 3-7　MM440 变频器参数设置

参数号	出厂缺省值	设置值	说明
P0003	1	1	用户访问级为标准级
P0010	0	1	开始快速调试
P0100	0	0	选择工作地区，功率以 kW 表示，频率 50 Hz
P0304	230	380	根据铭牌设定电动机额定电压（V）
P0305	7.4	1.00	根据铭牌设定电动机额定电流（A）
P0307	1.5	0.25	根据铭牌设定电动机额定功率（kW）
P0310	50	50	电动机的额定频率（Hz）
P0311	1 425	1 400	电动机的额定速度（r/min）
P0700	2	6	选择命令源为 COM 链路的通信板（CB）设置
P1000	2	6	频率设定值的选择为通过 COM 链路的 CB 设定
P3900	0	1	结束快速调试，BOP 显示屏出现"P---"字样几秒钟，进行电动机计算和复位为工厂设置值。变频器自动进入"运行准备就绪"状态，P0010=0
P0003	1	2	用户访问级为扩展级
P0918	3	4	指定 CB（通信板）地址。本例变频器指定 3。可设定的地址 1~125。注意：PROFIBUS 模板 DIP 需设定全 0

自动生产线线体输送链的变频器控制，查看变频器 DP 通信地址，PQW520 为输出控制起始地址，如图 3-34 所示。

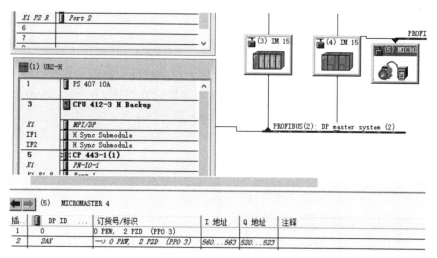

插	DP ID	...	订货号/标识	I 地址	Q 地址	注释
1	0		0 PKW, 2 PZD (PPO 3)			
2	2AX		—) 0 PKW, 2 PZD (PPO 3)	560...563	520...523	

图 3-34 查看变频器通信控制字地址

为了能够通过现场总线控制变频器的运行，需要了解变频器的控制字（STW），如表 3-8 所示。

表 3-8 变频器的控制字（STW）

停止 47E		正转 47F		反转 C7F		位	功能	0/1	0/1
	0		1		1	位 00	ON（斜坡上升）/OFF1（斜坡下降）	0 否	1 是
E	1	F	1	F	1	位 01	OFF2：按惯性自由停车	0 是	1 否
	1		1		1	位 02	OFF3：快速停车	0 是	1 否
	1		1		1	位 03	脉冲使能	0 否	1 是
	1		1		1	位 04	斜坡函数发生器（RFG）使能	0 否	1 是
7	1	7	1	7	1	位 05	RFG 开始	0 否	1 是
	1		1		1	位 06	设定值使能	0 否	1 是
	0		0		0	位 07	故障确认	0 否	1 是
	0		0		0	位 08	正向点动	0 否	1 是
4	0	4	0	C	0	位 09	反向点动	0 否	1 是
	1		1		1	位 10	由 PLC 进行控制	0 否	1 是
	0		0		1	位 11	设定值反向	0 否	1 是
	0		0		0	位 12	保留		
	0		0		0	位 13	用电动电位计（MOP）升速	0 否	1 是
0	0	0	0	0	0	位 14	用 MOP 降速	0 否	1 是
	0		0		0	位 15	本机/远程控制		

1. PLC（400 主站）→MM440

变频器的控制字 STW——PQW520。启动正转：W#16#47F；启动反转：W#16#C7F；停止：W#16#47E。

变频器速度控制字 HSW——PQW522。

HSW：PZD 任务报文的第 2 个字是主设定值（HSW）。这就是主频率设定值，是由主设定值信号源提供的（参看参数 P1000）。数值是以十六进制数的形式发送的，即 4000H（16384）规格化为由 P2000 设定的频率（如本例为默认值 50 Hz），那么 2000H 即规格化为 25 Hz，负数则反向。控制变频器程序如图 3-35 所示。

图 3-35　控制变频器程序

2. PLC（400 主站）←MM440

ZSW——PIW560；速度反馈 HIW——PIW562。

任务 3.2　技术准备 2: 输送线 RFID 的数据读写

任务描述

通过学习了解自动生产线的 RFID 的载码体信息读取和写入，掌握 RFID 在生产线中的基本应用，了解自动生产线 MES 系统的组成结构、控制方法等，并使用 MES 系统对自动生产线进行排产等设置。

学前准备

1. STEP7 软件使用说明书；
2. 西门子 RFID 配套 GSD 文件。

学习目标

※　素质目标：
1. 培养深厚的爱国情感和民族自豪感；
2. 培养安全作业能力及提升职业素养要求；
3. 养成执行工作严谨、认真的过程细节。

※　知识目标：
1. 能了解 RFID 在自动生产线的应用场合；
2. 能掌握 RFID 的读写组态及参数查看；
3. 能利用 PLC 进行网络组态，能将 GSD 文件导入 PLC 组态中并建立与 RFID 的通信；
4. 能利用 RFID 进行地址配置及 PROFIBUS DP 网络地址设置，能修改通信网络中的设备名称；
5. 能掌握 PLC 的程序结构，能够建立 PLC 主程序和 RFID 数据的读写；
6. 能够保存程序、能寻找不丢失。

※　能力目标：
1. 具有探究学习、终身学习、分析问题和解决问题的能力；
2. 具有本专业必需的信息技术应用和维护能力。

学习流程

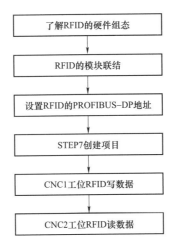

了解RFID的硬件组态

↓

RFID的模块联结

↓

设置RFID的PROFIBUS-DP地址

↓

STEP7创建项目

↓

CNC1工位RFID写数据

↓

CNC2工位RFID读数据

3.2.1 RFID 的硬件组态

射频识别（Radio Frequency Identification，RFID）的原理为阅读器与标签之间进行非接触式的数据通信，达到识别目标的目的。它是自动识别技术的一种，通过无线射频方式进行非接触双向数据通信，利用无线射频方式对记录媒体（电子标签或射频卡）进行读写，从而达到识别目标和数据交换的目的，其被认为是 21 世纪最具发展潜力的信息技术之一。无线射频识别技术通过无线电波不接触快速信息交换和存储技术，利用无线通信结合数据访问技术，连接数据库系统，实现非接触式的双向通信，从而达到识别的目的，用于数据交换，串联起一个极其复杂的系统。在识别系统中，通过电磁波实现电子标签的读写与通信。根据通信距离，可分为近场和远场，为此读/写设备和电子标签之间的数据交换方式也对应地被分为负载调制和反向散射调制。

RFID 的应用非常广泛，典型应用有动物晶片、汽车晶片防盗器、门禁管制、停车场管制、生产线自动化、物料管理。

3.2.1.1 RFID 基本组成

RFID 基本硬件组成包括：

（1）数据存储器，用于存储数据。

（2）读写器，实现数据读出和写入。

（3）天线，在数据存储器和读写器间传递射频信号。

通信模块，用于系统集成的接口模块。

射频识别技术依据其标签的供电方式可分为三类，即无源 RFID、有源 RFID 和半有源 RFID。

1. 无源 RFID

在三类 RFID 产品中，无源 RFID 出现时间最早，最成熟，其应用也最为广泛。在无源 RFID 中，电子标签通过接收射频识别阅读器传输来的微波信号，以及通过电磁感应线圈获取能量来对自身短暂供电，从而完成此次信息交换。因为省去了供电系统，所以无源 RFID 产品的体积可以达到厘米量级甚至更小，而且自身结构简单，成本低，故障率低，使用寿命较长。但作为代价，无源 RFID 的有效识别距离通常较短，一般用于近距离的接触式识别。无源 RFID 主要工作在 125 kHz、13.56 MHz 等较低频段，其典型应用包括公交卡、二代身份证、食堂餐卡等。

2. 有源 RFID

有源 RFID 兴起的时间不长，但已在各个领域，尤其是在高速公路电子不停车收费系统中发挥着不可或缺的作用。有源 RFID 通过外接电源供电，主动向射频识别阅读器发送信号。其体积相对较大，但也因此拥有了较长的传输距离与较高的传输速度。一个典型的有源 RFID 标签能在百米之外与射频识别阅读器建立联系，读取率可达 1 700 read/s。有源 RFID 主要工作在 900 MHz、2.45 GHz、5.8 GHz 等较高频段，且具有可以同时识别多个标签的功能。有源 RFID 的远距性、高效性，使其在一些需要高性能、大范围的射频识别应用场合里必不可少。

3. 半有源 RFID

无源 RFID 自身不供电，但有效识别距离太短。有源 RFID 识别距离足够长，但需外接电源，体积较大。而半有源 RFID 就是为这一矛盾而妥协的产物。半有源 RFID 又叫作低频激活触发技术。通常情况下，半有源 RFID 产品处于休眠状态，仅对标签中保持数据的部分进行供电，因此耗电量较小，可维持较长时间。当标签进入射频识别阅读器识别范围后，阅读器先以 125 kHz 低频信号在小范围内精确激活标签使之进入工作状态，再通过 2.4 GHz 微波与其进行信息传递。也就是说，先利用低频信号精确定位，再利用高频信号快速传输数据。通常应用场景为：在一个高频信号所能覆盖的大范围中，在不同位置安置多个低频阅读器用于激活半有源 RFID 产品。这样既完成了定位，又实现了信息的采集与传递。

3.2.1.2 ASM456 RFID 模块

西门子 ASM456 接口模块是从模块，适用于在任意控制器上通过 PROFIBUS－DP－V1 操作 RFID 阅读器和光学阅读器。ASM456 RFID 模块用于 RFID 系统中无线射频模块的电子标签记录。西门子 RFID 系统拓扑图如图 3－36 所示。

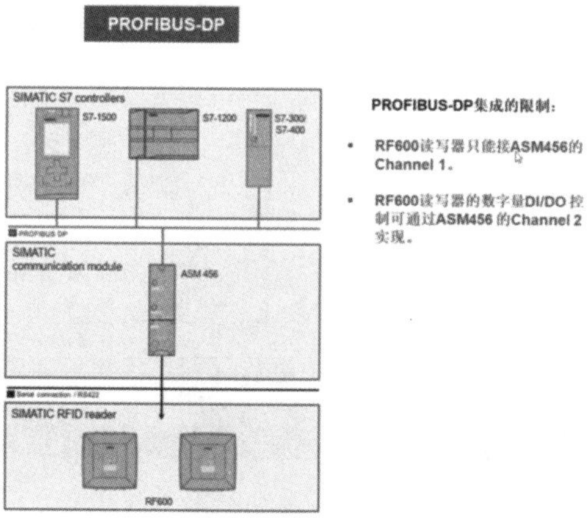

图 3－36　西门子 RFID 系统拓扑图

超高频 RFID 典型结构，如图 3-37 所示。西门子系列 RFID 如图 3-38～图 3-41 所示。

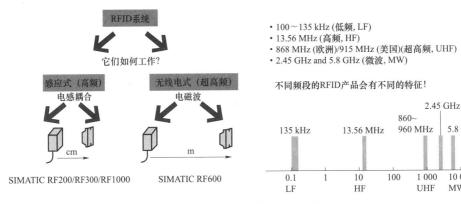

图 3-37　超高频 RFID 典型结构

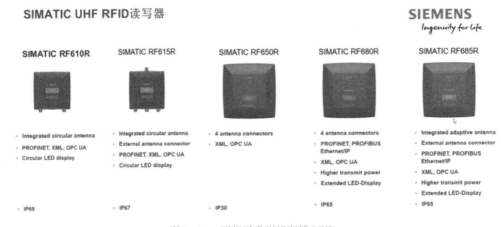

图 3-38　西门子系列超高频 RFID

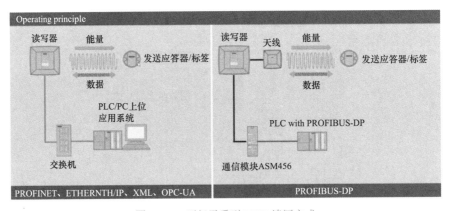

图 3-39　西门子系列 RFID 读写方式

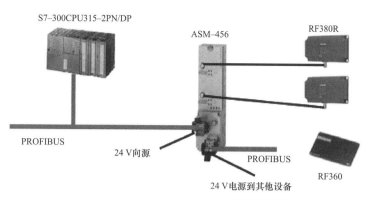

图 3-40　西门子系列 RFID 与外部设备连接

图 3-41　生产线 RFID 读卡器位置

　　SIMATIC RF300 是一款专门设计用于在工业生产中控制和优化物流的感应识别系统。RF300 的应用领域主要是在闭环生产中对容器、托盘和工件夹具进行非接触式识别。数据载体（发送应答器）将保留在生产链中，不会配备到产品中。SIMATIC RF300 具有紧凑的发送应答器和阅读器外壳尺寸，非常适用于狭窄空间，主要应用于机械工程、自动化系统、传送机系统、汽车行业中的辅助装配线、组件供应商、小型装配线等。生产线 RFID 卡托盘安装图如图 3-42 所示。

图 3-42　生产线 RFID 卡托盘安装图

3.2.1.3 模块连接

通过 SIMATIC S7 操作接口模块时，用户可使用方便的函数块。ASM456 提供简易连接技术。即使使用大型 PROFIBUS 组态时，也可通过 PROFIBUS – DP – V1 上的非周期性数据通信实现最佳数据吞吐量。ASM456 在 PROFIBUS 上的周期性数据加载极少，可保证用户的其他 PROFIBUS 节点（如 DI/DO）仍可被快速处理。ASM456 组态示例如图 3 – 43 所示。

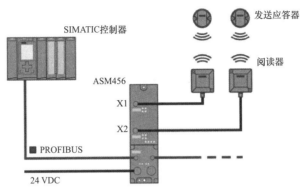

图 3 – 43　ASM456 组态示例

将 ASM456 ECOFAST 模块连接到基本模块，如图 3 – 44 所示。

图 3 – 44　ASM456 ECOFAST 模块

ASM456 基本模块：6GT2002 – 0ED00。

ECOFAST 连接块：6ES7194 – 3AA00 – 0AA0。

ASM456 连接模块如图 3 – 45 所示。连接模块电源如图 3 – 46 所示。

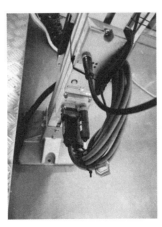

图 3 – 45　ASM456 连接模块　　　　　　图 3 – 46　连接模块电源

3.2.1.4 设置 PROFIBUS – DP 地址

通过 PROFIBUS 地址,指定 PROFIBUS – DP 上用于寻址 ASM456 分布式 I/O 系统的地址。要求:

(1) ASM456 的 PROFIBUS – DP 地址在连接块上设置。

(2) 每个地址只能在 PROFIBUS – DP 上分配一次。

(3) 设置的 PROFIBUS 地址必须匹配组态软件中指定的 PROFIBUS 地址(针对 ASM456)。

(4) 仅当 ASM456 的电源接通后,对 PROFIBUS – DP 地址的更改才会生效。

PROFIBUS – DP 地址设置插头订货号:6ES7 194 – 1KB00 – 0XA0,通过地址设定插头设置 PROFIBUS – DP 地址,如图 3 – 47 所示。

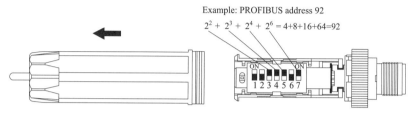

Example: PROFIBUS address 92

$2^2 + 2^3 + 2^4 + 2^6 = 4+8+16+64=92$

图 3 – 47　DP 设置插头

1. 连接 ECOFAST 混合插头

ECOFAST 连接器插头的连接器分配,连接 PROFIBUS – DP 网线和电源,如表 3 – 9 所示。电源是西门子一串多个那种。

表 3 – 9　ECOFAST 连接器的引脚分配

针脚	分配	ECOFAST 连接器插头的视图 (用于电源和环接的接线端)
A	PROFIBUS – DP 信号 A	
B	PROFIBUS – DP 信号 B	
1	电子器件/编码器电源(1L+) (ASM456 和写/读设备的电源)	
2	电子设备/传感器电源接地(1M)	
3	负载电压接地(2M)	
4	负载电压电源(2L+) (ASM456 上未使用)	
*可以在 Han Brid Cu 电缆连接器和/或 Han Brid Cu 电缆插座的包装中找到装配说明。		

插座订货号:6GK1 905 – 0CA00,电源、DP 线接入 ASM456;插头订货号:6GK1 905 – 0CA00,电源、DP 线从 ASM456 接出到其他站;如果是 DP 末端站,ASM456 需要使用终端电阻插头,订货号:6GK1 905 – 0DA10。

2. 连接 RF360T 到 ASM456

标签有单标签模式与多标签模式,它们之间的区别在于:

使用 UHF 阅读器时，单标签模式与多标签模式下的操作有所不同。哪一种模式更能满足您的需求视具体情况而定。

单标签模式的主要特点是，阅读器仅期望从天线场中的单个发送应答器中接收信号，这也是生产环境中的常见情况。而如果天线场中有多个发送应答器，阅读器会报错。由于对发送应答器的所有数据访问都是非特定的，因此使用这种模式相对来说比较简单。这意味着不需要管理发送应答器列表，也不需要通过 ID 寻址发送应答器。

多标签模式可灵活运用，允许阅读器管理天线场中的多个发送应答器，这也是物流行业通常所需要的。但是，在该模式下，要对发送应答器进行数据访问，必须准确告知阅读器需要根据 ID 访问哪一个发送应答器。因此，访问过程要分多阶段在 PLC 上进行。初始步骤会识别目前有哪些发送应答器位于天线场中。之后，会使用应用逻辑选择一个可专门访问的发送应答器。如果天线场中只有一个发送应答器，也可以使用多标签模式。

生产线中使用的 RF300 SLG 电缆：6GT2891－0FH50，5 m，连接 RF360R 到 ASM456。

3.2.1.5 STEP7 创建项目

ASM456 通过 GSD 文件"SIEM8114.GSx"链接到其他组态软件中。根据所需语言选择相关文件。要允许组态软件使用完整功能（诊断文本、固件更新），则需要支持 GSD 版本 5 或更高版本。

FC45 是 STEP7 为 RFID 识别系统所编写的功能块，SIMATIC S7－300/400 通过通信接口模块连接 RFID 读写器，通过 FC45 与 RFID 识别系统进行数据交换。打开 STEP7 创建新项目 ASM456－FC45，如图 3－48 所示。

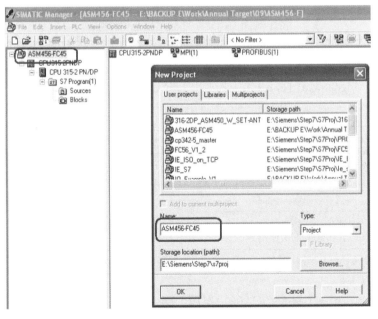

图 3－48　创建项目

安装 ASM456 的 GSD 文件可以两种方式找到 ASM456 GSD 文件：MOBY 软件 CD：\daten\profi_gsd.；或网上下载 ASM456 GSD 文件：113562。

1. 组态 ASM456

安装 ASM456 GSD 文件后，在 STEP7 硬件列表中出现该产品，如图 3 – 49 所示。

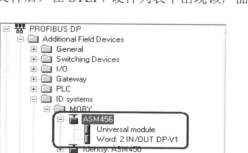

图 3 – 49　STEP7 硬件列表

硬件组态，设置 CPU315 – 2PN/DP MPI/DP 接口为 DP 主站，ASM456 作为 5 号从站连接到主站。双击 ASM456，选择 User mode 为 FB45/FC45，MOBY mode 为 MOBY U/D/RF300 normal addressing，通信传输速率为 115.2 kBaud，如图 3 – 50 所示。

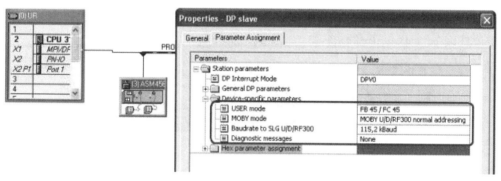

图 3 – 50　组态硬件参数

ASM456 逻辑首地址 256，如图 3 – 51 所示。

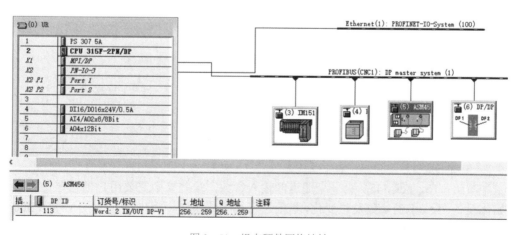

图 3 – 51　组态硬件网络地址

2. OB1 中初始化

在 OB1 中调用 FC45，并对其进行初始化，在 OB1 中周期性执行 FC45，启动 MOBY 命令，如表 3-10 所示。

表 3-10　MOBY 命令

普通命令	组命令	命令意思
01	41	写数据到 MDS（数据载体）
02	42	从 MDS 读数据
03	43	初始化 MDS
04	44	SLG（读写器）状态
06	— —	NEXT 命令
08	48	END 命令：取消与 MDS 通信
0A	4A	天线 ON/OFF
0B	4B	MDS 状态

每一个读写设备，都需要预分配参数，并存储到参数数据块里（参数 DB），该参数 DB 通过 UDT 10（用户数据类型）生成。在 UDT 10 中，定义了输入参数、控制命令、过程信息以及 FC45 的内部变量等，如图 3-52 所示。

□ **程序段 5：标题：**

```
IN0= Params_DB:       45
IN1=Params_ADDR

            CALL    "MOBY FC"                          FC45
             IN0:=45
             IN1:=0
            A       "复位标志位"                        M100.2
            FP    M     25.0
            S       "MOBY DB".ASM_456.Init_Run          DB45.DBX19.3
            JC      M005
            AN      "MOBY DB".ASM_456.ready             DB45.DBX18.7
            JC      M005
            A       "MOBY DB".ASM_456.error             DB45.DBX18.6
            JC      M005
            A       "SLG_Command"                       M20.0
            FP    M     25.1
            S       "MOBY DB".ASM_456.command_start      DB45.DBX19.1
    M005: NOP      0
```

图 3-52　FC45 初始化

3. 查看 DB45 中的命令

字节 0~16，ASM456 第一个通道的输入参数，这些参数需要用户预先定义，用于初始化设备。反之，当参数发生变化，需要进行初始化操作。如图 3-53 所示，字节 300~316，是 ASM456 第二个通道的输入参数。

地址	名称	类型	初始值	注释
0.0		STRUCT		
+0.0	ASM_456	STRUCT		
+0.0	ASM_address	INT	256	硬件配置中 ASM 的 I/O 起始地址
+2.0	ASM_channel	INT	1	阅读器 1 = 通道 1，阅读器 2 = 通道 2
+4.0	command_DB_number	INT	47	Input: number of command DB
+6.0	command_DB_address	INT	0	Input: first address of commands in the command DB
+8.0	MDS_control	BYTE	B#16#1	setup the MDS controlling (0, 1 and 2)
+9.0	ECC_mode	BOOL	FALSE	working with ECC check
+9.1	Reset_long	BOOL	TRUE	
+10.0	MOBY_mode	BYTE	B#16#5	单标签模式

图 3-53　DB45 中的地址

4. MOBY 命令

输入参数包含 ASM 逻辑地址，通道号，命令 DB 号，命令 DB 的起始地址，以及 MOBY 的控制参数。

（1）MDS_control 参数，取值范围 0、1、2。

MDS_control=0，Presence check 关闭，MDS_present 状态无指示，MDS_control 关闭，SLG 发射场只有在 Command_start 启动时才打开。该方式用于多个 SLG 近距离安装的使用场合，通过控制 Command_start 的启动，有效地避免相互间的干扰。

MDS_control=1，Presence check 打开，当 MDS 进场时，MDS_present 状态会置"1"，且会通过 MOBY 设备（如 ASM456）指示出来。MDS_Control 关闭，SLG 发射场总是处于打开状态，执行过程中 MDS 离场不出错。该方式为默认设置方式。

MDS_control=2，仅适用于 ASM454。Presence check 打开，MDS_present 状态有指示，MDS_control 打开。ASM Firmware 的选项命令，用于同步 MDS 用户程序。

（2）ASM_channel：256，为硬件配置中 ASM 的 I/O 起始地址。

（3）ASM CHNEL：1，为阅读器通道。1=通道 1，2=通道 2。

（4）command_DB_number：47。Input：number of command DB。

（5）command_DB_address：0。Input：first address of commands in the command DB。

（6）MDS_control：1。setup the MDS controlling（0，1 and 2）。

（7）ECC_mode：0。working with ECC check。

（8）MOBY_mode：B#16#5。单标签模式。

5. MOBY 启动与命令

1）MOBY 启动

由于选择 MDS_Control 默认设置"1"，读写设备总在监测 MDS 是否进场。如果变量 Ready=True，Error=false，一旦 MDS 进入读/写窗口，ASM456 上 PRE 灯点亮，MOBY 状态字的 MDS_present 被置位，此时，通过 Command_start 即可启动 MOBY 命令。

如果 Ready=false，则请检查是否在 OB100 中被初始化，或检查 FC45 是否在 OB1 中被周期性执行。

如果 Error=true，则应检查错误原因。错误信息会被分别记录在 error_MOBY，error_FC，或 error_BUS。

2）MOBY 命令

使用 UDT 20 可以生成命令 DB 块，本例命令 DB 块为 DB47，通过修改命令 DB

块的命令参数和命令地址，可以实现对 RF360T 的读、写、初始化等操作。

查看 DB47 块，如图 3-54 所示。

地址	名称		类型	初始值	注释
0.0			STRUCT		
+0.0	STAT0		ARRAY[1..5]		
*0.0			STRUCT		
+0.0		Command	BYTE	B#16#0	1=write,2=read,3=init,4=slg_status
+1.0		sub_Command	BYTE	B#16#0	Bit-pattern for init; mode for end, set-ant
+2.0		length	INT	0	number of bytes to be read/write 数据长度
+4.0		address_MDS	WORD	W#16#0	first addre on MDS 写到载码体的地址
+6.0		DAT_DB_number	INT	0	Number of DAT DB数据存放的DB库
+8.0		DAT_DB_address	INT	0	First address in DAT DB 首地址偏移量
=10.0			END_STRUCT		
+50.0	STAT7		ARRAY[1..5]		
*0.0			STRUCT		
+0.0		STAT8	BYTE	B#16#0	
+1.0		STAT9	BYTE	B#16#0	
+2.0		STAT10	WORD	W#16#0	
+4.0		STAT11	WORD	W#16#0	
+6.0		STAT12	INT	0	
+8.0		STAT13	WORD	W#16#0	
=10.0			END_STRUCT		
=100.0			END_STRUCT		

图 3-54 DB47 块

3.2.2 CNC1 工位 RFID 写数据

打开 CNC1 工位 PLC，可以查看 FC1 程序，对应 DB47 块数据关系。写入 RFID 的条件需求：

（1）载码体标签存在，能检测到；

（2）没有启动运行；

（3）没有报错。

CNC1 工位 PLC 根据需要进行数据定义，编写程序写入 DB47 块，如图 3-55 所示。

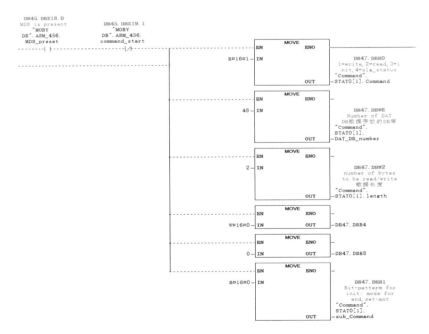

图 3-55 写入 RFID 命令程序

写入 DB47 中的命令，将按照表 DB47 中对 RFID 具体的功能进行定义，如表 3-11 所示。

学习笔记

表 3-11 DB47 命令

序号	名称	数据	地址	功能说明
1	Command	B#16#1	DB47.DBB0	1 为写命令
2	sub_Command	0	DB47.DBB1	子命令
3	length	2	DB47.DBB2	数据长度
4	address_MDS	0	DB47.DBB4	写入载码体的地址
5	DAT_DB_number	48	DB47.DBB6	数据存放 DB 库的位置
6	DAT_DB_address	0	DB47.DBB8	库首地址偏移

表 3-11 的数据存放 DB 库的位置为 48，今后用于在 DB48 数据块中存放带有工艺记录信息要求的数据。

写入 RFID 程序地址均定义好后，编写触发条件程序进行 RFID 的写入载码体标签过程。根据工艺情况来触发写入信息至载码体，如图 3-56 所示。

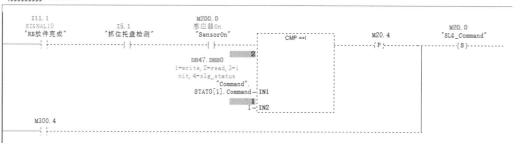

图 3-56 触发条件程序

触发命令由 M20.0 最终通过 DB45.DBX19.3 激活读写头进行读写工作，如图 3-57 所示。

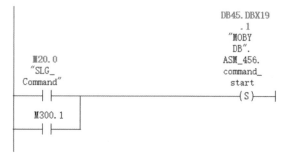

图 3-57 RFID 读写命令

写入信息的定义可对应图 3-58 数据存放 DB48 中的地址定义，该地址中为用户自己定义的工艺功能信息，例如废品、合格品、已加工信息、工件号等自定义的信息。

地址	名称	类型	初始值	实际值	注释
0.0	BCD1	BOOL	FALSE	TRUE	加工站状态字(读出)；低4位表示托盘号（0-6），BCD码形式表示。
0.1	Scrap	BOOL	FALSE	FALSE	1=废品
0.2	Qualified	BOOL	FALSE	TRUE	1=合格品
0.3	False_Maopi	BOOL	FALSE	TRUE	0=毛坯库，1=半成品库
0.4	jgchp	BOOL	FALSE	FALSE	加工站状态字(读出)；加工成品
0.5	jgbchp	BOOL	FALSE	TRUE	加工站状态字(读出)；加工半成品
0.6	CNC1Finish	BOOL	FALSE	TRUE	CNC1已经加工
0.7	CNC2Finish	BOOL	FALSE	FALSE	CNC2已经加工
1.0	DB_VAR8	BOOL	FALSE	TRUE	批次号
1.1	DB_VAR9	BOOL	FALSE	TRUE	工件号
1.2	DB_VAR10	BOOL	FALSE	TRUE	工序号
2.0	DB_VAR11	DWORD	DW#16#0	DW#16#00000000	
6.0	DB_VAR12	DWORD	DW#16#0	DW#16#00000000	
10.0	DB_VAR13	DWORD	DW#16#0	DW#16#00000000	
14.0	DB_VAR14	DWORD	DW#16#0	DW#16#00000000	
18.0	DB_VAR15	BOOL	FALSE	FALSE	

图 3-58 DB48 自定义功能

定义完成后，可以在线监控写入的信息。图 3-59 显示的即写入 RFID 载码体的实时写入信息。

DB48.DBX	0.0	"MOBY Write-block".BCD1	加工站状态字(读出)；低4位表示托盘号（0-6），BCD码形式表示。	▮ true
DB48.DBX	0.1	"MOBY Write-block".Scrap	1=废品	▮ false
DB48.DBX	0.2	"MOBY Write-block".Qualified	1=合格品	▮ true
DB48.DBX	0.3	"MOBY Write-block".False_Mao	0=毛坯库，1=半成品库	▮ true
DB48.DBX	0.4	"MOBY Write-block".jgchp	加工站状态字(读出)；加工成品	▮ false
DB48.DBX	0.5	"MOBY Write-block".jgbchp	加工站状态字(读出)；加工半成品	▮ true
DB48.DBX	0.6	"MOBY Write-block".CNC1Finis	CNC1已经加工	▮ true
DB48.DBX	0.7	"MOBY Write-block".CNC2Finis	CNC2已经加工	▮ false
DB48.DBX	1.0	"MOBY Write-block".DB_VAR8	批次号	▮ true
DB48.DBX	1.1	"MOBY Write-block".DB_VAR9	工件号	▮ true
DB48.DBX	1.2	"MOBY Write-block".DB_VAR10	工序号	▮ true
DB48.DBD	2	"MOBY Write-block".DB_VAR11		DW#16#00000000
DB48.DBD	6	"MOBY Write-block".DB_VAR12		DW#16#00000000
DB48.DBD	10	"MOBY Write-block".DB_VAR13		DW#16#00000000

图 3-59 监控 RFID 写入信息

3.2.3 CNC2 工位 RFID 读数据

CNC1 工位进行了写数据至 RFID 载码体芯片，载码体是否写入芯片、成功与否检验最好的方式就是在其他工位读取载码体信息，查看数据是否跟写入的一致即可验证写入是否成功。将托盘运送至 CNC2 工位，CNC2 工位 PLC 根据需要进行数据定义，编写程序将之前写入的 RFID 载码体信息进行读取，如果看到的信息与写入的信息相符，则说明之前写入的信息正确。

根据需要进行数据读取定义，编写程序发送至 DB47 块，如图 3-60 所示。

对 DB47 中的命令进行定义，将按照表 DB47 中的命令功能进行定义，如表 3-12 所示。

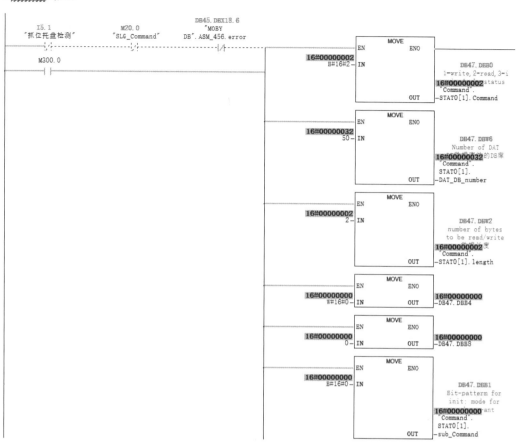

图 3-60 读取命令定义程序

表 3-12 DB47 命令

序号	名称	数据	地址	功能说明
1	Command	B#16#2	DB47.DBB0	2 为读命令
2	sub_Command	0	DB47.DBB1	子命令
3	length	2	DB47.DBB2	数据长度
4	address_MDS	0	DB47.DBB4	读出载码体的地址
5	DAT_DB_number	50	DB47.DBB6	数据存放 DB 库的位置
6	DAT_DB_address	0	DB47.DBB8	库首地址偏移

表 3-12 的数据存放 DB 库的位置为 50，今后用于在 DB50 数据块中存放读取载码体带有工艺记录信息要求的数据。触发命令由 M20.0 最终通过 DB45.DBX19.3 激活读写头进行读写工作。

读取 RFID 程序地址均定义好后，编写触发条件程序进行 RFID 的读出载码体标签过程，如图 3-61 所示。根据工艺情况来读取载码体信息至 PLC。

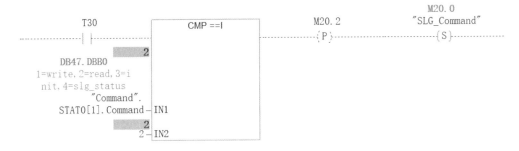

图 3-61　读取触发条件程序

读取信息的定义可对应图 3-62 数据存放 DB50 中的地址定义，该地址中为原用户已经定义的功能信息。

DB50.DBX	0.0	"Read Block".BCD1	加工站状态字(读出)：低4位表示托盘号（0-6），BCD码形式表示。	true
DB50.DBX	0.1	"Read Block".Scrap	1=废品	false
DB50.DBX	0.2	"Read Block".Qualified	1=合格品	true
DB50.DBX	0.3	"Read Block".False_Maopi	0=毛坯库，1=半成品库	true
DB50.DBX	0.4	"Read Block".jgchp	加工站状态字(读出)：加工成品	false
DB50.DBX	0.5	"Read Block".jgbchp	加工站状态字(读出)：加工半成品	true
DB50.DBX	0.6	"Read Block".CNC1Finish	CNC1已经加工	true
DB50.DBX	0.7	"Read Block".CNC2Finish	CNC2已经加工	false
DB50.DBX	1.0	"Read Block".detection	批次号	true
DB50.DBX	1.1	"Read Block".DB_VAR9	工件号	true
DB50.DBX	1.2	"Read Block".DB_VAR10	工序号	true
DB50.DBX	1.3	"Read Block".DB_VAR11		false
DB50.DBX	1.4	"Read Block".DB_VAR12		false
DB50.DBX	1.5	"Read Block".DB_VAR13		false
DB50.DBX	1.6	"Read Block".DB_VAR14		false
DB50.DBX	1.7	"Read Block".DB_VAR15		false

图 3-62　监控 RFID 读取信息

3.2.4　复位及清零

每个 RFID 读取和写入完成后，PLC 即可对读写信号进行复位，保证下一次读取或写入的信息为初始状态。复位程序如图 3-63 所示。

□ **程序段** 11：＂SLG_Command＂复位

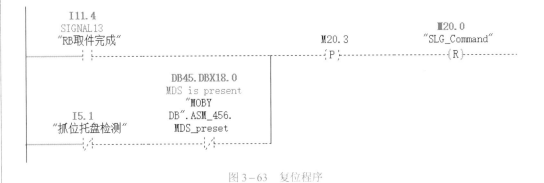

图 3-63　复位程序

可以写入信息对存储地址进行清零，如图3-64所示。

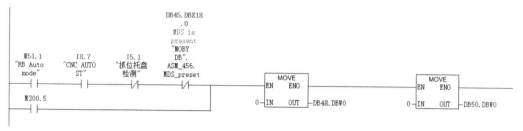

图 3-64　清除地址数据

任务 3.3　系统调试：输送线控制系统功能调试

任务描述

　　先将输送线按照要求由变频器带动运行，托盘通过输送链运动至机器人上下料位挡停位置停下后进行挡停操作，先将顶料气缸伸出顶住托盘进行位置固定，由底部的挡料气缸与顶料固定气缸共同作用实现最终的托盘位置固定，金属传感器此时也检测托盘上是否有共件，便于后续与机器人通信来抓取工件。

　　为了区分托盘上的工件是毛坯件，或者是一序加工件，还是二序加工件，通过对 RFID 进行读写，可以实现对托盘中的工件进行信息识别，为后续生产节拍的控制，以及 MES 系统的工艺控制提供前提条件。本任务要求输送线将托盘及物料放入挡停位置后，可手动将挡圈毛坯件放入托盘，进行 RFID 的信息写入，然后配合输送线的放行流程，将工件输送至下一工序进行挡停，由下一工序的 PLC 进行 RFID 的信息读取和再次写入一序已加工的信息。

学前准备

　　1. RFID 使用手册；
　　2. STEP7 软件使用说明书。

学习目标

　　※　素质目标：

　　1. 培养安全作业能力及提高职业素养；

　　2. 培养较强的团队合作意识。

　　3. 养成规范的职业行为和习惯。

　　※　知识目标：

　　1. 能针对自动生产线进行线体的所有 PLC 及远程 I/O 的 PROFIBUS－DP 硬件配置组态；

　　2. 能对自动生产线线体输送链中的变频器进行组态，并实现对输送链的变频控制；

　　3. 能依据自动生产线运行节拍进行线体区域工位的托盘挡停程序控制；

　　4. 能根据工艺要求，对 PLC 与远程 I/O 设备的通信地址查看信息，并利用通信地址进行编程；

　　5. 能够保存程序、能寻找不丢失；

　　6. 能建立、保存和删除 PLC 的程序、功能或者函数；

　　7. 能根据工艺节拍控制输送线的运动完成托盘的挡停和放行；

8. 能利用 PLC 进行网络组态，能将 GSD 文件导入 PLC 组态中并建立与 RFID 的通信；

9. 能利用 RFID 进行地址配置及 PROFIBUS – DP 网络地址设置，能修改通信网络中的设备名称；

10. 能掌握 PLC 的程序结构，能够建立 PLC 主程序和 RFID 数据的读写。

※ 能力目标：

1. 具有良好的语言、文字表达能力和沟通能力；

2. 能熟练对 PLC 进行现场编程。

```
┌─────────────────────────┐
│  输送线挡停控制硬件组态      │
└─────────────────────────┘
            │
┌─────────────────────────┐
│  400PLC对线体的变频控制      │
└─────────────────────────┘
            │
┌─────────────────────────┐
│      挡停项目实施           │
└─────────────────────────┘
            │
┌─────────────────────────┐
│   CNC1工位RFID写数据        │
└─────────────────────────┘
            │
┌─────────────────────────┐
│   CNC2工位RFID读数据        │
└─────────────────────────┘
```

3.3.1　任务准备

进行输送线工位作业时，全程必须按照要求穿着工装和电气绝缘鞋，正确穿戴安全帽，如图 3 – 65 所示。

劳保用品穿戴要求		安全穿戴示意图
	戴硬壳安全帽	
	穿长袖劳保衣裤	
	穿全包裹式鞋	

图 3 – 65　正确佩戴劳保用品

3.3.2　任务实施与评价 1：输送线挡停控制

（1）通过设置完成 PLC 与线体变频器的通信，编写一个简单的变频器控制程序，要求能够实现对线体输送链的正转、反转、速度的控制。

首先要查看系统的硬件明细表，对 CNC2 站点的地址等进行设置：填写 IP 地址及

DP 地址到表 3-13 中，然后根据此表对站点进行硬件组态等。

表 3-13　CNC2 PLC 站点硬件明细表

序号	设备名称	订货号	DP/IP 地址	作用
1	PS 307 5A			
2	300PLC 315F-2PN/DP			
3	DI/D0 模块			
4	ET200S（IM153-2）			

（2）CNC2 300PLC 硬件组态。

CNC2 工位的硬件组态，插入 1 台 300PLC 和 1 个 ET200S 远程 I/O 模块。

① 添加 CPU。单击"插入对象"→"SIMATIC300"，将 300PLC 加入机架，然后对应将电源模块、I/O 扩展模块等按照图 3-66 要求进行硬件组态。最后对应地将 PLC 的 IP 地址按照表 3-13 进行设置。

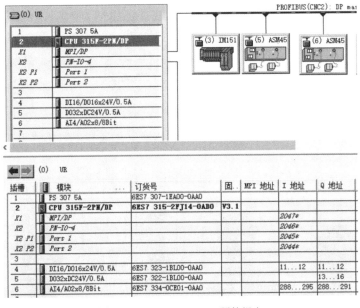

图 3-66　CNC2 300PLC 硬件组态

② 添加 ET200S 远程 I/O 模块。单击 300PLC 的 X1 口（MPI/DP），在"常规"→"接口"中选择 PROFIBUS-DP，单击"属性"→"新建网络"选项，即可生成 PROFIBUS-DP 总线网络。

在硬件组态界面的右边配置文件菜单中，选择 PROFIBUS-DP 菜单下的 ET200S，将 IM153-2 模块拖入 PROFIBUS-DP 总线上，然后对其进行其他 I/O 模块的加入，按照表 3-13 进行配置。最后对 ET200S 的 DP 地址进行设置。ET200S 硬件组态如图 3-67 所示。

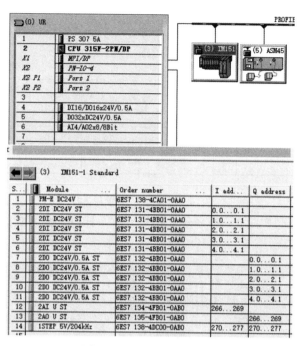

图 3 – 67　ET200S 硬件组态

（3）填表 3 – 14 完成变频器对输送线的控制。

表 3 – 14　MM440 变频器参数设置

参数号	出厂缺省值	设置值	作用

自动生产线线体输送链的变频器控制，查看变频器 DP 通信地址，完成组态。

（4）完成表 3 – 15 控制信号的填写，并编写控制变频器正反转及停止程序。

表 3-15 PLC 发送控制字地址表

序号	PLC 地址	发送控制字	作用
1			控制电动机正转
2			控制电动机反转
3			控制电动机停止
4			正转频率 25 Hz
5			反转频率 10 Hz

（5）编制简单 PLC 程序进行控制线体的工艺顺序程序动作，要求能检测托盘位置及控制挡停。气动电磁阀如图 3-68 所示。挡停气缸及托盘夹紧气缸如图 3-69 所示。

图 3-68 气动电磁阀

图 3-69 挡停气缸及托盘夹紧气缸

变频器带动线体运转后，可以通过检测线体各个位置，对托盘进行分道挡停和放行控制。各个 I/O 如图 3-70 和图 3-71 所示，可以直接利用进行程序控制。（可参考 FC21 线体控制）

80		气缸伸出检测	I	5.6	BOOL
81		气缸缩回检测	I	5.7	BOOL
82		出库库侧检测	I	6.0	BOOL
83		出库手侧检测	I	6.1	BOOL
84		入库库侧检测	I	6.2	BOOL
85		入库手侧检测	I	6.3	BOOL
86		Y轴原点	I	6.4	BOOL
87		空托盘线托盘检测	I	6.5	BOOL
88		并道气缸置位	I	6.6	BOOL
89		并道气缸复位	I	6.7	BOOL
90		分道气缸置位	I	7.0	BOOL
91		分道气缸复位	I	7.1	BOOL
92		分道处托盘检测	I	7.2	BOOL
93		入库道挡停托盘检测	I	7.3	BOOL
94		启动	I	7.4	BOOL
95		停止	I	7.5	BOOL
96		复位	I	7.6	BOOL
97		急停	I	7.7	BOOL

图 3-70 线体传感器检测地址

227	分道气缸	Q	1.2	BOOL
228	分道挡停	Q	1.3	BOOL
229	空托盘线挡停	Q	1.4	BOOL
230	并道气缸	Q	1.5	BOOL
231	入库道挡停	Q	1.6	BOOL

图 3-71　线体 PLC 输出控制地址

参考程序如图 3-72 所示。

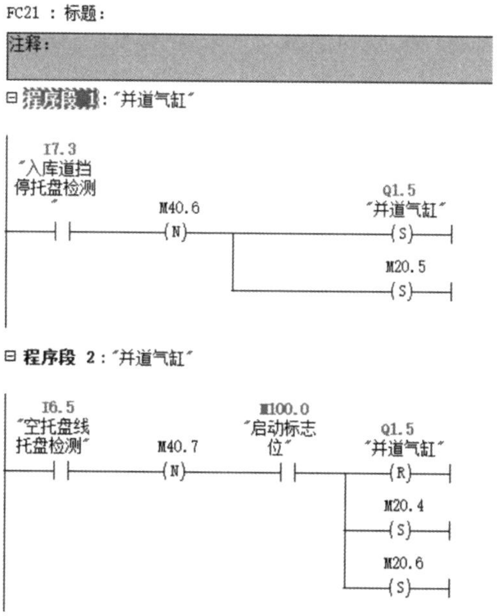

图 3-72　参考程序

具体到每个机器人上下料工作位置的托盘进行挡停和放行控制,则在对应 PLC 上进行控制。

（6）项目实施评分（见表 3-16）。

表 3-16　项目实施评分表

序号	项目	自评分	小组评分	存在问题
1	自动生产线进行线体的 PLC 硬件配置组态是否正确（15 分）			
2	自动生产线线体输送链进行变频器的组态是否正确（10 分）			
3	能够实现对变频器的正转、反转、速度控制（15 分）			
4	系统远程 I/O 信号配置是否正确（10 分）			
5	验证远程 I/O 输入是否有信号（10 分）			
6	验证远程 I/O 输出是否有信号（10 分）			
7	线体区域工位的托盘挡停程序编写是否正确（10 分）			
8	与区域中其他设备的联调思路是否清晰（10 分）			
9	职业素养（10 分）			
	总分（100 分）			

3.3.3 任务实施与评价 2：线体 RFID 的写入和读取

1. 线体 RFID 联调动作测试

（1）实现对线性机械手工位挡停托盘 RFID 载码体芯片的数据写入，写入信息包含工件是否为毛坯件。

（2）在 CNC1 机床工位上，读出 RFID 载码体芯片的数据，判断工件是否为毛坯件，如果是，则继续进行上下料加工。

（3）CNC1 机床工位加工完成的信息写入载码体芯片，包含 1 序已加工的加工完成信息。

2. 项目实施评分（见表 3-17）

表 3-17 项目实施评分表

序号	项目	自评分	小组评分	存在问题
1	线性机械手工位挡停托盘 RFID 载码体芯片的数据写入设置是否正确（20 分）			
2	写入信息包含工件是否为毛坯件（10 分）			
3	CNC1 机床工位上，读出 RFID 载码体芯片的数据是否正确（20 分）			
4	判断工件是否为毛坯件，如果是，则继续进行上下料加工联调功能实现（10 分）			
5	CNC1 机床工位加工完成的信息写入载码体芯片是否正确（20 分）			
6	是否包含 1 序已加工的加工完成信息（10 分）			
7	职业素养（10 分）			
	总分（100 分）			

任务 3.4   运行维保：输送线日常点检

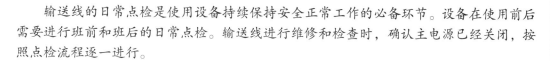

任务描述

输送线的日常点检是使用设备持续保持安全正常工作的必备环节。设备在使用前后需要进行班前和班后的日常点检。输送线进行维修和检查时，确认主电源已经关闭，按照点检流程逐一进行。

学前准备

1. 300PLC 系统手册；
2. ET200S 说明手册；
3. MM440 变频器系统手册；
4. 点检文件。

学习目标

※ 素质目标：
1. 养成规范的职业行为和习惯；
2. 养成执行工作严谨、认真的过程细节。

※ 知识目标：
1. 熟悉生产线设备日常保养的内容、方法和手段；
2. 能对输送线进行日常点检作业。

※ 能力目标：
1. 具有良好的语言、文字表达能力和沟通能力；
2. 具有本专业必需的信息技术应用和维护能力。

学习流程

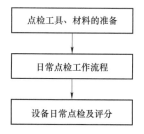

点检工具、材料的准备

↓

日常点检工作流程

↓

设备日常点检及评分

3.4.1 任务准备

3.4.1.1 点检工具、材料准备

点检所需要的日常工具和材料包括：

（1）清洁工具、材料：扫帚、铲子、刷子、棉纱、毛巾、清洁剂等。

（2）润滑工具：油壶、油枪。

（3）紧固工具：螺丝刀、活动扳手。

（4）个人防护用品：工作服、防水胶手套。

3.4.1.2 日常点检工作流程

日常点检工作流程主要是在班前和班后进行：检查、清扫、润滑、紧固。工业机器人进行维修和检查时，确认主电源已经关闭，按照以下流程进行点检：

（1）开机前的检查；

（2）填写设备点检表；

（3）班后设备清扫；

（4）设备润滑；

（5）设备紧固；

（6）工具归位（按"5S"定置）；

（7）填写设备交接班记录表。

设备日常维护工具如图3-73所示。

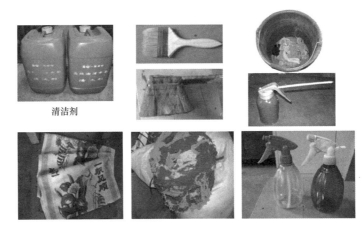

清洁剂

图3-73 设备日常维护工具

3.4.2 任务实施：输送线日常点检作业

设备日常点检作业是指岗位生产人员（设备操作人员），每天根据设备日常点检标准书，对重要设备关键部位的声响、振动、温度、油压等运行状况，通过人的感官进行检查，并将检查结果记录在设备点检表中的工作。大部分点检内容通常班前按《设备日常点检作业标准》进行，如表3-18所示。

表3-18　设备点检五感法内容

五感	检查部位	检查内容
眼看	润滑、液压	各仪表（包括电流、旋转、压力、温度和其他）的指示值以及指示灯的状态，将观察值与正常值对照
	冷却	油箱油量，管接头有无漏油、有无污染等
	磨损	水量，管接头有无漏水、有无变质等
	清洁	皮带松弛、龟裂、配线软管破损、焊接脱落
耳听	异响声	机床外表面有无脏物、生锈、掉漆等
		碰撞声：检查紧固部位螺栓松动、压缩机金属磨损情况
		金属声：检查齿轮咬合不良，联轴器轴套磨损，轴承润滑不良情况
		轰鸣声：检查电气部件磁铁接触不良，电动机缺相情况
		噪声
		断续声：轴承中混入异物
手摸	温度	电动机过载发热，润滑不良
	振动	往复运转设备的紧固螺栓松动，轴承磨耗、润滑不良、中心错位及旋转设备的不平衡，拧紧部位的松弛
鼻闻嗅味	烧焦味	电动机、变压器等有无因过热或短路引起的火花，或绝缘材料被烧坏等
	臭味	线圈、电动机的烧损，电气配线的烧损
	异味	气体等有无泄漏

日常点检流程如图3-74所示。

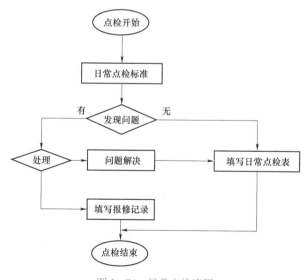

图3-74　日常点检流程

　　设备正常的安全机构是保证人身安全的前提，安全机构检查应纳入日常点检范围内，机器人安全使用要遵循以下原则：不随意短接、不随意改造、不随意拆除、操作规范。

1. 输送线日常检查内容

（1）输送线紧急停止按钮的检查，包括控制柜急停开关。

（2）安全门及门开关的检查。

检查方法：输送线处于停止状态，PLC 没有显示任何报警信息。

（3）外部紧急停止开关的检查。

检查方法：输送线处于停止状态下，PLC 没有显示任何报警信息，按下外部急停按钮。

2. 输送线日常检查内容

机器人工作站日常检查包含输送线线体主要传动部件，每天上班开机前检查有无物料、工具、杂物堆放在输送线上，有无杂物卡住链条影响正常运行；气缸气阀等内容的检查，每天都应该进行设备的点检，对输送线主要传动零部件进行检查，如链轮、张紧装置、链扣等是否有松动、移位或脱开，链板是否有弯曲凹陷，如有应及时给予调整归位紧固；对自动输送线机头马达、牙箱及各配套专机检查，是否有松动及不正常状况，如发现及时进行处理；对电控箱内元件、行程开关、支脚进行检查，是否有松动或偏位，导电轮是否有偏歪或损坏，如发现及时纠正；检查各运动元件动作是否有力、平稳，响应时间是否正常，有无明显噪声、异响及振动，气动元件及管路是否漏气或松动，进行修正；检查各运行轨道是否有弯曲变形，各扶手、支架等构件连接螺丝是否松动，链条是否松弛，给予调整；检查输送线链条张紧度，如太松应调整机尾处链条张紧装置或拆除一节链板，保证链条张紧度合适。

检查内容如表 3-19 所示。

表 3-19　TPM 标准点检表——输送线设备

项目：输送线工位			操作者 A 班 B 班	零件简称/图号： （　　　　　　　　）		日期：	
序号	系统	检查点		检查/ 维护内容	检查标准	A 班	B 班
1	输送线体	线体输送本体	输送线部分	输送体	链轮、张紧装置、链扣等是否有松动、移位或脱开，链板是否有弯曲凹陷，无松动、晃动，无异响，各单元润滑良好		
			支撑基座件	基座件	支脚检查，是否松动或偏位，是否有偏歪或损坏		
				螺栓	螺栓等连接紧固件无松动		
				电缆	电缆线无破损、连接处连接紧固		
				螺栓	紧固牢靠、无松动		
				油嘴	密封好、无漏油		
			气路	气管	检查各快速接头、气管有无老化、松动、漏气现象		
				气缸	气缸动作是否正常，有无阻滞		
			电路	传感器	对线体元件，行程开关是否正常		
		工作站	安全系统	安全门	在远控/在线模式下，打开安全门，线体不工作		
				急停按钮	按下急停按钮，在任何模式下都停止工作		

序号	系统	检查点	检查/维护内容	检查标准	A班	B班
2	RFID	RFID读写器	外观	是否有污损		
			电气	是否上电正常		
3	水汽	水汽系统	水汽管	摆放整齐，无漏水、漏气现象		
			系统压力	气压（0.5～0.70 MPa）、循环水压力（≥5.0 MPa）		
			气水分离器	气水分离器内没有水		
4	签章	操作者签章	操作者对以上内容检查无误后，签字确认			
		项目负责机修签章	项目负责机修查看是否有需要维修的项目，并签章确认			
		班组长/技术员签章	项目负责技术员/班组长每周检查一次，并签章确认			
		备注：1. 点检标记："○"表示正常；"△"表示可以使用，但需要维修；"×"表示不能工作，维修解决，班组长跟踪；"⊗、⊘"表示已修复。 2. 本工位不适用的，在空白框内填"N/A"。 3. 机修、班组长、技术员检查操作者点检情况，并在相应的位置签字确认。 4. 每周检查的项目，在相应的空白框内填写点检标记，并填写检查者的姓名及日期。					

3.4.3　任务评价

按照设备日常点检表格进行逐项位置点检，根据输送线点检项目实施评分表 3-20 进行评定。

表 3-20　输送线点检项目实施评分表

序号	项目评分标准	分值	自评分	教师评分	存在问题记录及分析
1	输送线部分点检是否逐一完成	15			
2	输送线支撑基座件点检是否逐一完成	15			
3	输送线气路点检是否逐一完成	15			
4	输送线电路点检是否逐一完成	15			
5	输送线安全系统是否逐一完成	10			
6	输送线RFID读写器	10			
7	输送线水气系统部分点检是否逐一完成	10			
8	职业素养	10			
	总分	100			

拓展任务　CNC2 工位的成品工件输送及 RFID 读写

任务描述

当 CNC2 工件完成加工后，将完成信息写入 RFID，挡停过程变为放行过程，继续将托盘连同成品工件输送至下料位置，途中经过分道气缸进行分流，实现毛坯件与加工完成工件的不同输送分流。

学前准备

1. ABB 编程操作手册；
2. STEP7 软件使用说明书。

学习目标

※ 素质目标：

1. 培养深厚的爱国情感和民族自豪感；
2. 培养安全作业能力及提高职业素养；
3. 培养较强的团队合作意识；
4. 养成规范的职业行为和习惯；
5. 养成执行工作严谨、认真的过程细节。

※ 知识目标：

1. 能根据工艺节拍控制输送线的运动完成托盘的分道挡停和放行；
2. 能掌握 PLC 的程序结构，能够建立 PLC 主程序和 RFID 数据的读写；
3. 能够保存程序、能寻找不丢失；
4. 能对上下料系统进行日常点检。

※ 能力目标：

1. 具有探究学习、终身学习、分析问题和解决问题的能力；
2. 具有良好的语言、文字表达能力和沟通能力；
3. 具有本专业必需的信息技术应用和维护能力；
4. 能熟练根据输送线的工艺流程进行 PLC 编程。

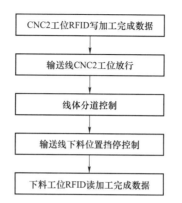

3.5.1　任务准备：梳理工艺流程

（1）当 CNC2 工件完成加工后（或者人为给完成信号），将完成信息写入 RFID。

（2）挡停过程变为放行过程，继续将托盘连同成品工件输送至下料位置，途中经过分道气缸进行分流，实现毛坯件与加工完成工件的不同输送分流。

（3）至下料位置后，实现自动挡停，再读取 RFID 信息，如果确实为成品工件，则给信号至线性机械手 PLC，为后续机器人下料做准备。

3.5.2　任务实施：程序编写

1. 成品 RFID 写入

（1）实现对 CNC2 工位挡停托盘 RFID 载码体芯片的数据写入，写入信息包含工件是成品件。

（2）实现线体 CNC2 工位放行过程，继续将托盘连同成品工件输送至下料位置，途中经过分道气缸进行分流，实现毛坯件与加工完成工件的不同输送分流。

（3）在上下料工位上进行挡停，读出 RFID 载码体芯片的数据，判断工件是否为成品件，如果是则给信号进行下料。

2. 项目实施评分

项目实施评分表见表 3-21。

表 3-21　项目实施评分表

序号	项目	自评分	小组评分	存在问题
1	CNC2 工位挡停托盘 RFID 载码体芯片的数据写入设置是否正确（20 分）			
2	写入 RFID 信息包含工件是否为毛坯件（20 分）			
3	放行动作是否正确（20 分）			
4	分道气缸是否实现分流（10 分）			

序号	项目	自评分	小组评分	存在问题
5	线性机械手工位挡停位置，读出 RFID 载码体芯片的数据是否正确（10 分）			
6	判断工件是否为成品件，如果是则继续进行下料，信号发送功能实现（10 分）			
7	职业素养（10 分）			
	总分（100 分）			

课后作业

1. 填空题

（1）在组态自动线网络过程中，网络中的 PLC 需要同时通过_____和_____来确定。

（2）自动生产线中的远程 I/O 与 PLC 通信采用_____方式。

（3）自动生产线中的 PLC 之间通信采用_____方式。

（4）自动生产线由_____、_____、_____和_____几大区域组成。

（5）自动生产线线体变频器中启动控制字正转启动是_____，停止是_____，反转是_____。

（6）自动生产线线体变频器中速度需要 25 Hz，发送的控制字为_____，是_____进制的。

（7）自动生产线中的主控 PLC 是_____，是由_____和_____PLC 共同组成的。

（8）RFID 中的 ASM456 是通过_____方式来进行通信的。

（9）标签有_____模式与_____模式。

（10）ASM456 通过_____文件"SIEM8114.GSx"链接到其他组态软件中。

（11）CPU315 – 2PN/DP 的 MPI/DP 接口为 DP _____站，ASM456 作为 3 号_____站。

（12）ASM CHNEL：1 为阅读器_____通道。

（13）MOBY_mode：B#16#5_____单标签模式。

（14）自动生产线中的 RFID 读出和写入的地址都是_____字节。

（15）用于读取的 DB50 中的地址定义，是_____来决定的。

（16）DB50.DBX0.7 地址用于_____（读/写）到_____的，功能是_____。

2. 简答题

（1）简述自动生产线体输送链运行需要哪些步骤，如何操作？

（2）系统远程 I/O 信号与 PLC 的信号分别有什么作用？

（3）简述自己工位中自动线挡停部分与搬运控制系统设计流程思路。

（4）简述一下 DB47 中的 command_DB_number：47 表示什么。

（5）简述一下 DB47 中的 DAT_DB_number 表示什么。写入 48 到 DB47.DBB6 地址有什么作用？

项目 4 机器人上下料工作站系统控制

项目引入

柔性生产线机器人上下料系统基于型号为 IRB2600 的 ABB 工业机器人，需要完成工业机器人的 I/O 通信配置，建立 PLC 与机器人之间的通信连接，编写物料搬运程序进行自动运行设置，实现 PLC 控制工业机器人完成自动搬运物料的系统组建。柔性线线体托盘通过输送链运动至机器人上料位挡停位置停下后，PLC 控制机器人 R2 从 HOME 点出发，移动至 TAB01 物料托架盘中将毛坯挡圈抓取后，从上料位置搬运至产线上的托盘固定位置，机器人搬运完成后继续回到 HOME 点，如图 4-1 所示。（可扫描二维码查看视频项目案例）

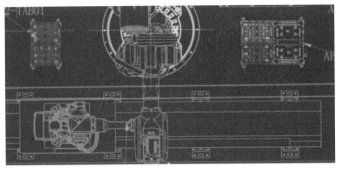

图 4-1 机器人搬运位置示意图

本项目在整条柔性生产线中主要作为输送线其中一个站的机器人上下料系统，前序项目解决了输送线的运行及基本网络的构建内容，完成了本站点即可完成一个机器人工作站的毛坯件上下料工作，也为后续与数控机床进行上下料控制做准备。本项目在课程中的位置如图 4-2 所示。

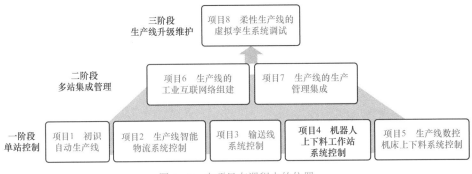

图 4-2 本项目在课程中的位置

项目学习目标

※ 素质目标：

1. 培养爱国主义及国产品牌意识；
2. 培养科技自立自强能力意识；
3. 培养安全作业能力及提高职业素养；
4. 培养较强的团队合作意识；
5. 养成规范的职业行为和习惯；
6. 养成执行工作严谨、认真的过程细节。

※ 知识目标：

1. 能对 ABB 工业机器人进行 IP 地址配置及 PROFINET 网络地址设置，能够对通信网络中的设备名称进行修改；
2. 能对 PLC 进行网络组态，能将 GSD 文件导入 PLC 组态中并建立与 ABB 机器人的通信；
3. 能完成对工业机器人的主要信号配置；
4. 能清楚 PLC 的程序结构，能够建立 PLC 主程序和机器人控制子程序；
5. 能够保存程序、能寻找不丢失；
6. 能建立、保存和删除工业机器人的程序、功能或者函数；
7. 能完成工具坐标系的标定并能根据控制要求选择合适的坐标系类型；
8. 能用示教器手动控制工业机器人的移动完成物料上下料的示教，并完成示教点的保存；
9. 能根据工艺要求，完成工业机器人程序编制，能对工业机器人进行自动上下料控制；
10. 能对上下料系统进行日常点检。

※ 能力目标：

1. 具有探究学习、终身学习、分析问题和解决问题的能力；
2. 具有良好的语言、文字表达能力和沟通能力；
3. 具有本专业必需的信息技术应用和维护能力；
4. 能熟练对工业机器人进行现场编程。

学习任务

任务1　技术准备：ABB 搬运机器人配网及编程
任务2　系统调试：机器人搬运工作站控制系统功能调试
任务3　运行维保：机器人日常点检
拓展任务：上下料工作站的码垛控制

依托企业项目载体：柳州工程机械股份有限公司装载机挡圈零部件加工生产线。

学习导图 NEWSE

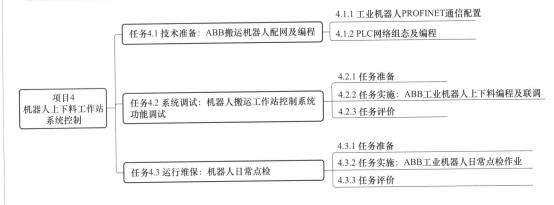

任务4.1 技术准备：ABB搬运机器人配网及编程
- 4.1.1 工业机器人PROFINET通信配置
- 4.1.2 PLC网络组态及编程

项目4 机器人上下料工作站系统控制

任务4.2 系统调试：机器人搬运工作站控制系统功能调试
- 4.2.1 任务准备
- 4.2.2 任务实施：ABB工业机器人上下料编程及联调
- 4.2.3 任务评价

任务4.3 运行维保：机器人日常点检
- 4.3.1 任务准备
- 4.3.2 任务实施：ABB工业机器人日常点检作业
- 4.3.3 任务评价

标准链接

★项目技能对应的职业证书标准、对接比赛技能点以及其他相关参考标准如表 4-1～表 4-3 所示。

表 4-1　对应 1+X 证书标准

序号	对标 1+X 证书	扫描二维码查看
1	1+X 证书"智能制造生产线集成应用职业技能等级标准"（2021 年版）	
2	1+X 证书"智能制造单元集成应用职业技能等级标准"（2021 年版）	

表 4-2　对接比赛技能点

序号	全国职业技能大赛	对应比赛技能点内容
1	2022 年全国职业技能大赛 GZ-2022021 "工业机器人技术应用"赛项规程及指南	任务六　工业机器人系统编程调试 1）工业机器人设定（2） 2）工业机器人示教编程（12） 任务三　工业机器人末端执行器的气路设计与连接
2	2022 年全国职业技能大赛 GZ-2022018 "机器人系统集成"赛项规程及指南	任务一　系统方案设计（4%） 任务四　机器人系统集成（20%）

表 4-3　其他相关参考标准

序号	标准及规范	编码
1	可编程控制系统设计师国家职业标准	（职业编码 X2-02-13-10）
2	电工国家职业标准	（职业编码 6-07-06-05）
3	工业机器人安全规范	（GB 11291—1997）
4	工业机器人通用技术标准	GB/T 14284—1993

任务 4.1　技术准备：ABB 搬运机器人配网及编程

4.1.1　工业机器人 PROFINET 通信配置

任务描述

本系统基于型号为 IRB 2600 的 ABB 工业机器人，需要完成工业机器人的 I/O 通信配置，编写物料搬运程序，进行自动运行设置，建立 PLC 与机器人之间的 PROFINET 通信连接，实现 PLC 控制工业机器人自动搬运物料的系统组建，如图 4-3 所示。

图 4-3　机器人与 PLC 通信示意图

学前准备

1. ABB 工业机器人操作手册；
2. STEP7 软件使用说明书；
3. ABB 机器人 GSD 文件。

学习目标

※　素质目标：

1. 培养爱国主义及国产品牌意识；
2. 培养科技自立自强能力意识；
3. 培养安全作业及职业素养要求；
4. 培养较强的团队合作意识。

※　知识目标：

1. 能对 ABB 工业机器人进行 IP 地址配置及 PROFINET 网络地址设置，能够对通信网络中的设备名称进行修改；
2. 能对 PLC 进行网络组态，能将 GSD 文件导入 PLC 组态中并建立与 ABB 机器人的通信；
3. 能清楚 PLC 的程序结构，能够建立 PLC 主程序和机器人控制子程序；
4. 能够保存程序、能寻找不丢失。

※　能力目标：

1. 具有探究学习、终身学习、分析问题和解决问题的能力；

2. 具有本专业必需的信息技术应用和维护能力。

学习流程

```
┌─────────────────────────────┐
│  工业机器人侧进行IP地址配置  │
└─────────────────────────────┘
              │
              ▼
┌─────────────────────────────┐
│     PROFINET网络地址设置     │
└─────────────────────────────┘
              │
              ▼
┌─────────────────────────────┐
│         PLC网络组态          │
└─────────────────────────────┘
              │
              ▼
┌─────────────────────────────┐
│   安装机器人GSD文件及通信设置  │
└─────────────────────────────┘
              │
              ▼
┌─────────────────────────────┐
│         PLC编程调试          │
└─────────────────────────────┘
```

4.1.1.1 硬件准备

1. 工业机器人搬运工作站硬件情况

工业机器人搬运工作站系统组建项目中使用到的工业机器人型号为ABB IRB 2600，最高荷重可达20 kg，作业范围1.65 m，如图4-4所示。

ABB 机器人控制柜类型：IRC5 Single；序列号：2600-513086。工业机器人控制柜是工业机器人的控制单元，由示教器、操作面板及其电路板（Operate Panel）、主板（Main Board）、主板电池（Battery）、I/O 板（I/O Board）、电源供给单元（PSU）、紧急停止单元（E-Stop Unit）、伺服放大器（Servo Amplifier）、变压器（Transformer）、风扇单元（Fan Unit）、线路断开器（Breaker）、通信板等构成。用户可使用示教器和操作面板对控制柜进行操作。IRC5 控制柜如图4-5所示。

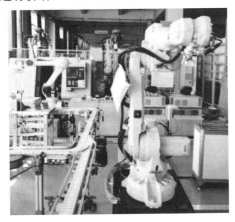
图4-4　IRB 2600 的 ABB 工业机器人现场

图4-5　IRC5 控制柜

2. PLC

西门子 S7-300 PLC，SIMATIC S7-300 CPU315F-2 PN/DP。中央处理器，带512 KByte 主存储器，1 个 MPI/DP 12 MBit/s 接口，2 个以太网 PROFINET 接口，带双端口交换机，需配置存储卡，如图4-6所示。

图 4-6　CPU 315F-2 PN/DP 现场图

小贴士

党的二十大报告中提出，未来五年是全面建设社会主义现代化国家开局起步的关键时期，主要目标任务是：经济高质量发展取得新突破，科技自立自强能力显著提升，构建新发展格局和建设现代化经济体系取得重大进展。

知识拓展

4.1.1.2　通信准备

通信协议又称通信规程，是指通信双方对数据传送控制的一种约定。约定中包括对数据格式、同步方式、传送速度、传送步骤、检纠错方式以及控制字符定义等问题做出统一规定，通信双方必须共同遵守，它也叫作链路控制规程。

1. S7 通信协议说明

S7 通信协议是西门子 S7 系列 PLC 内部集成的一种通信协议。是一种运行在传输层之上的（会话层/表示层/应用层）、经过特殊优化的通信协议，其信息传输可以基于 MPI 网络、PROFIBUS 网络或者以太网。

2. S7 通信支持方式

S7 通信支持两种方式：基于客户端（Client）/服务器（Server）的单边通信；基于伙伴（Partner）/伙伴（Partner）的双边通信。客户端（Client）/服务器（Server）模式是最常用的通信方式，也称作 S7 单边通信。在该模式中，只需要在客户端一侧进行配置和编程；服务器一侧只需要准备好需要被访问的数据，不需要任何编程（服务器的"服务"功能是硬件提供的，不需要用户软件的任何设置）。

3. 共同点和区别

Modbus TCP、TCP/IP、S7 的介质都是网线。Modbus TCP 是基于以太网介质的 Modbus 通信协议。TCP/IP 是基于以太网 Ethernet 的 TCP/IP 协议。S7 是基于以太网或者 PROFINET 的西门子通信协议（不是公开的协议）。

ABB 机器人提供了丰富 I/O 通信接口，如 ABB 的标准通信，与 PLC 的现场总线通信，还有与 PC 机的数据通信，可以实现与周边设备的通信。

4.1.1.3 机器人网络通信配置

步骤1：ABB工业机器人进行IP地址配置

此步骤目的是对机器人进行网络中地址的确定，是机器人与PLC进行PROFINET通信中对机器人配置的步骤。配置如表4-4流程所示。

表4-4 配置机器人网络操作流程

操作流程	操作说明	示意图
1	自动线中每台设备都需要进行IP地址的定义。 先对机器人的IP地址进行修改，在示教器中选择"控制面板"→"配置"→"Communication"→"IP Setting"	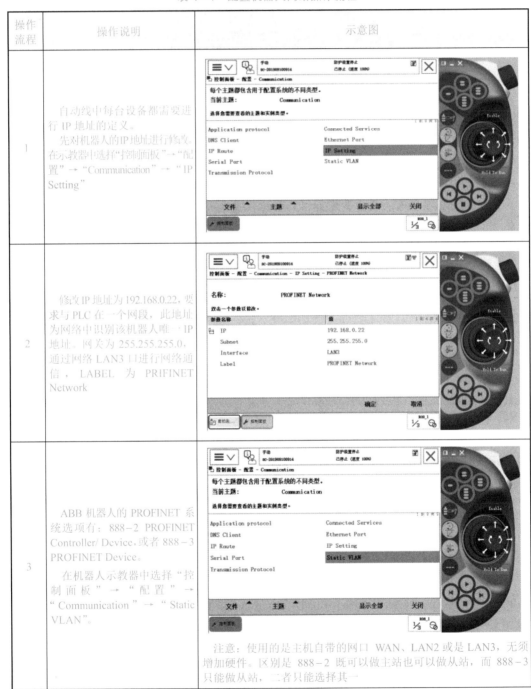
2	修改IP地址为192.168.0.22，要求与PLC在一个网段，此地址为网络中识别该机器人唯一IP地址。网关为255.255.255.0，通过网络LAN3口进行网络通信，LABEL为PRIFINET Network	
3	ABB机器人的PROFINET系统选项有：888-2 PROFINET Controller/Device，或者888-3 PROFINET Device。 在机器人示教器中选择"控制面板"→"配置"→"Communication"→"Static VLAN"。	
		注意：使用的是主机自带的网口WAN、LAN2或是LAN3，无须增加硬件。区别是888-2既可以做主站也可以做从站，而888-3只能做从站，二者只能选择其一

操作流程	操作说明	示意图
4	选择通信口 X5,单击进去进行端口选择设定	
5	设置 X5 端口为 LAN3 端口进行通信	
6	在示教器中选择"控制面板"→"配置"→"I/O"。选择 PRIFINET Internal Device 通信协议设置	
7	在 PRIFINET Internal Device 通信入口单击进入 PN–Internal Device 设置界面	

操作流程	操作说明	示意图
8	对需要进行通信的地址进行规划定义。进入 PRIFINET Internal Device 通信地址界面	
9	PRIFINET Internal Device 通信字节定义。定义输入和输出均为 16 个字节进行通信	
10	Industrial Network 通信定义：在示教器中选择"控制面板"→"配置"→"I/O"，选择 Industrial Network	
11	Industrial Network 设置入口进入后，选择 PROFINET	

操作流程	操作说明	示意图
12	Industrial Network 参数设置界面：将机器人在通信网络中的 PROFINET Station Name 名字修改为 ST10R2	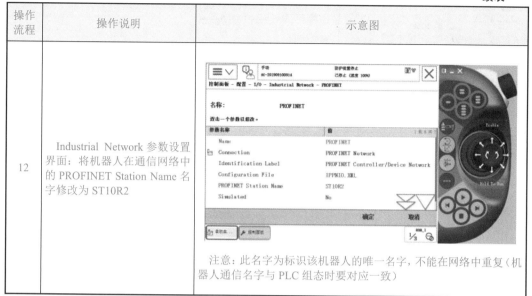 注意：此名字为标识该机器人的唯一名字，不能在网络中重复（机器人通信名字与 PLC 组态时要对应一致）

步骤 2：PLC 网络组态

此步骤目的是在 PLC 编程软件中对机器人进行网络组态，是机器人与 PLC 进行 PROFINET 通信中对机器人配置的步骤。

1. 网络组态设置

PLC 硬件搭建：使用网线将 PLC 互相连接起来，所有控制柜的 PLC 通过交换机进行连接，ABB 机器人的网络也与交换机相连，构建成一个网络。

2. PLC 网络组态

根据表 4-5 线性机械手 PLC 站点硬件明细表进行硬件组态。

表 4-5　线性机械手 PLC 站点硬件明细表

序号	设备名称	订货号	DP/IP 网络地址	作用
1	PS 307 5A	6ES7 307-1EA00-0AA0		线性机械手 PLC 电源模块
2	300PLC 315F-2PN/DP	6ES7 315-2FJ14-0AB0	DP：1 IP：192.168.0.12	线性机械手 300PLC
3	DI/D0 模块	6ES7 323-1BL00-0AA0		数字输入/输出模块
4	ET200S（IM153-2）	6ES7 153-2BA02-0XB0	DP：3	线体上的传感器和气动执行机构

1）添加 CPU

单击"插入对象"→"SIMATIC300"，将 300PLC 加入机架，然后对应将电源模块、I/O 扩展模块等按照图 4-7 要求进行硬件组态。最后对应地将 PLC 的 IP 地址按照表 4-5 进行设置。

单击配置网络，将 PLC 在网络中的 IP 地址设置成 192.168.0.12，如图 4-7 所示。

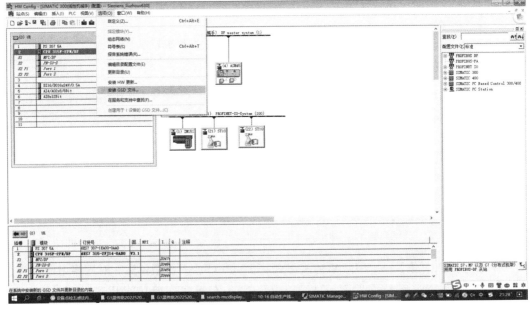

图 4-7　PLC300 硬件组态设置

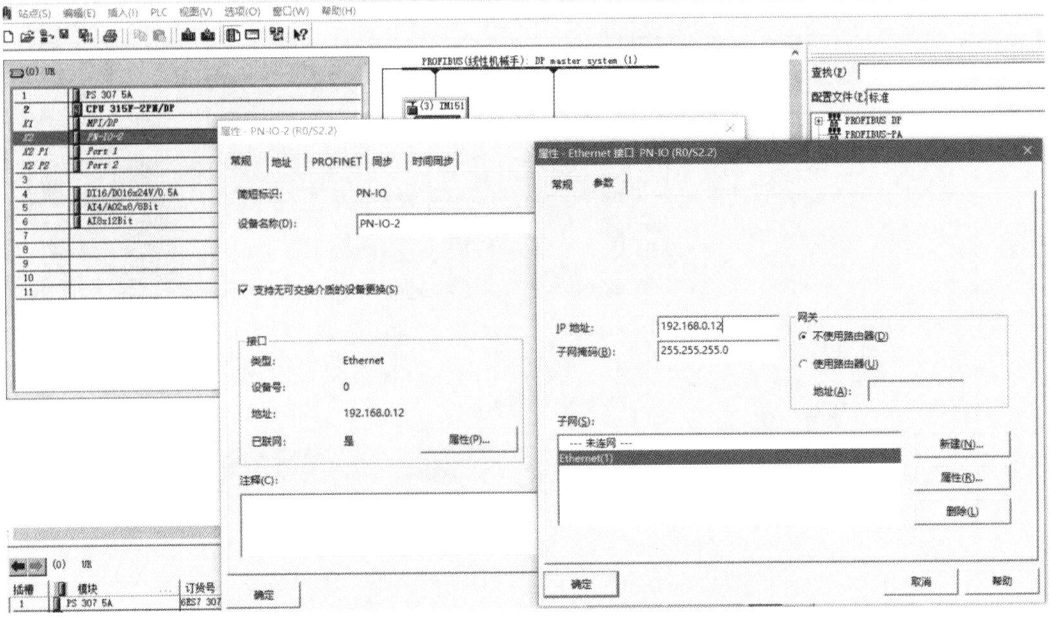

步骤 3：安装机器人 GSD 文件及通信设置

　　为了能够让 PLC 能对机器人进行控制，需要在 STEP 软件中安装机器人配套的 GSD 文件，将机器人包集成进入软件中，进行通信地址等的设置。

　　（1）在 STEP7 中安装 ABB 机器人 GSD 文件，单击选项菜单中的"安装 GSD 文件"，如图 4-8 所示。

图 4-8　安装 ABB 机器人 GSD 文件

根据实际文件放置位置找到 GSD 文件夹选择安装，如图 4-9 所示。

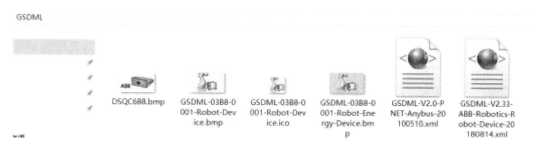

图 4-9　ABB 机器人 GSD 文件

查找到 GSDML 文件后，单击安装即可完成，如图 4-10 所示。

图 4-10　安装 GSD 文件

（2）PLC 组态通信地址设置。在右侧 PROFINET IO 中找到 robot device 目录下的机器人，然后将机器人拖拽至 PROFINET-IO-System 网络中。同时将通信接口字节也添加到机器人插槽中，例子中为 DI 16 Bytes（输入地址 516-531），DO 16 Bytes（输出地址 516-531），如图 4-11 所示。

单击拓扑视图图标，进入到网络组态拓扑界面，如图 4-12 所示。

在网络组态拓扑界面，单击 CPU，建立连接类型，选择 S7 连接，如图 4-13 所示。

配置站点 ID，查看相关通信信息，如图 4-14 所示。

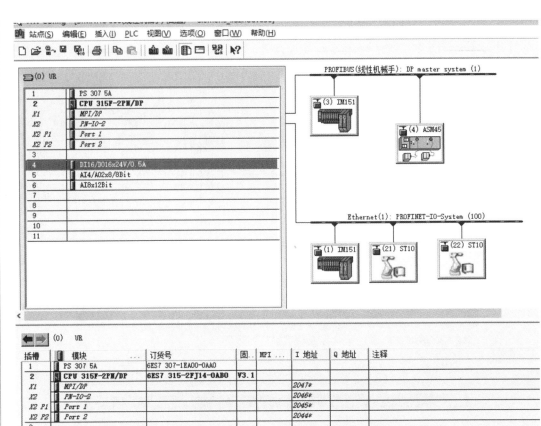

图4-11 组态机器人至网络

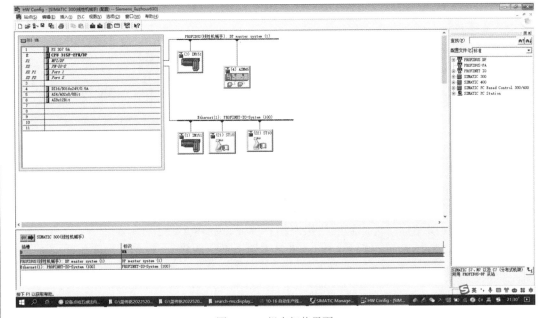

图4-12 组态拓扑界面

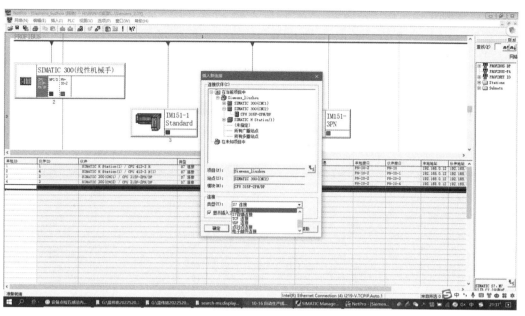

图 4-13 建立连接类型界面

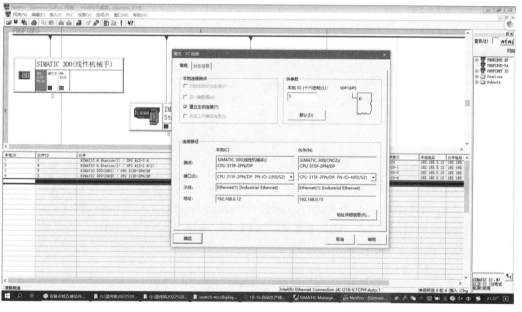

图 4-14 配置站点 ID

4.1.2 PLC 网络组态及编程

1. PLC 程序结构说明

1）基本程序结构

PLC控制的ABB上下料机器人的程序统一存放在主控线控制柜中的300PLC中，"程序块"文件夹存放着整个工作站的程序，又分别存放在"1PLC""11SZ""Lib"子文件夹下。详细见附件程序包。

OB1 主程序调用模式程序 FB401，机器人程序块 FB441，PLC 与 PLC400 之间的 S7 通信程序 FB14&FB15 以及 RFID 功能块 FC45，报警块 FC1000，上下工件程序块：FC100&FC101，气缸功能块在其内部调用。这里简易描述 FC45 RFID 的功能块和 FB440 机器人功能块及 S7 通信配置，如图 4−15 所示。

Block, instance DB	Local	Languag	Location		Local data (for blocks
⊟ 📁 S7 Program					
⊟ ☐ CYCL_EXC (OB1) [maximum: 242+40]	[46]				[46]
⊟ ☐ FB_Mode (FB400), IDB_FB_Mode (DB400)	[64]	LAD	NW	3	[18]
⊖ MES_Interface (DB1001)	[64]	LAD	NW	1	[0]
⊖ HMI_Interface (DB1002)	[64]	LAD	NW	8	[0]
⊞ ☐ FB_EquipMode (FB110), IDB_FB_Mode (D...	[72]	LAD	NW	11	[8]
⊞ ☐ FB_EquipCycle (FB111)	[92]	LAD	NW	17	[28]
⊞ ☐ FB_EquipAir (FB113)	[74]	LAD	NW	19	[10]
☐ FB_EquipXOP (FB101)	[64]	LAD	NW	20	[0]
⊖ RackStatus (DB446)	[64]	LAD	NW	23	[0]
☐ FB_OP1 (FB421), IDB_FB_OP1 (DB421)	[48]	LAD	NW	4	[2]
⊞ ☐ Load Part (FC100)	[62]	LAD	NW	5	[16]
⊞ ☐ Unload Part (FC101)	[60]	LAD	NW	6	[14]
⊞ ☐ FB_Robot1 (FB440), IDB_FB_Robot1 (DB440)	[126]	LAD	NW	7	[80]
⊞ ☐ FB_Robot2 (FB441), IDB_FB_Robot2 (DB441)	[126]	LAD	NW	8	[80]
☐ Block Move (SFC20), MES_Interface (DB1001)	[46]	LAD	NW	9	[0]
⊖ R1LaodPartStack (DB442)	[46]	LAD	NW	9	[0]
⊞ ☐ FC_Alarm (FC1000)	[54]	LAD	NW	10	[8]
⊞ ☐ MOBY FC (FC45)	[192]	LAD	NW	11	[146]
⊞ ☐ MOBY FC (FC45)	[192]	LAD	NW	12	[146]
⊞ ☐ GET (FB14), IDB_FB_GET (DB14)	[242]	LAD	NW	13	[196]
☐ I/O_FLT1 (OB82)	[20]				[20]
☐ RACK_FLT (OB86)	[20]				[20]
⊞ ☐ COMPLETE RESTART (OB100)	[20]				[20]
☐ PROG_ERR (OB121)	[20]				[20]
☐ MOD_ERR (OB122)	[20]				[20]
⊗ IDB_FB_USEND (DB8)	[0]				[0]
⊗ IDB_FB_URCV (DB9)	[0]				[0]
⊗ IDB_FB_PUT (DB15)	[0]				[0]
⊗ MOBY Write-block (DB48)	[0]				[0]
⊗ Common (DB100)	[0]				[0]
⊗ R1UnlaodPartStack (DB443)	[0]				[0]
⊗ MovePartData (DB1606)	[0]				[0]
⊞ ⊗ USEND (FB8)	[184]				[184]
⊞ ⊗ URCV (FB9)	[186]				[186]

图 4−15 工作站的程序框架

2）控制机器人的程序结构

OB1 调用 FB440（R1 ABB 机器人）、FB441（R2 ABB 机器人）机器人程序块；FB120 是 ABB 机器人启动时序块（ABB 提供）；接口信号通过 SFC14 与 SFC15 实现从站信号的读写，结构如图 4−16 所示。

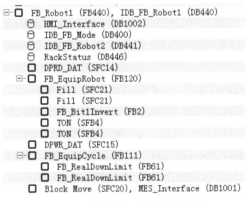

图 4−16 控制机器人的程序结构

3）PLC 主程序

OB1 主程序调用模式程序 FB401，机器人程序块 FB441，PLC 与 PLC400 之间的 S7 通信程序 FB14&FB15 以及 RFID 功能块 FC45，报警块 FC1000，上下工件程序块：FC100&FC101，气缸功能块在其内部调用。这里简易描述 FC45 RFID 的功能块和 FB440 机器人功能块及 S7 通信配置。图 4−17 所示为 OB1 主程序调用结构。

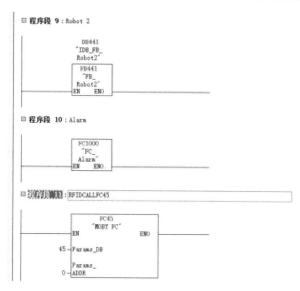

图 4−17 OB1 主程序调用结构

4）PLC 控制机器人

主程序中的 FB120 是 ABB 机器人启动时序块（ABB 提供），接口信号通过 SFC14 与 SFC15 实现从站信号的读写，可以通过通信地址尝试开启机器人使能的控制，如图 4−18 所示。

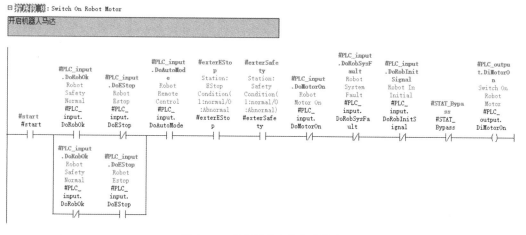

图 4−18 控制机器人的参考程序

PLC 发送数据至机器人，ABB 机器人的地址对应关系。想要对 ABB 机器人通信地址进行查看，需要通过查看 GSD 机器人的硬件通信地址，将地址中的 DI 十进制 536 转换为十六进制 W#16#218，如图 4 – 19 所示。

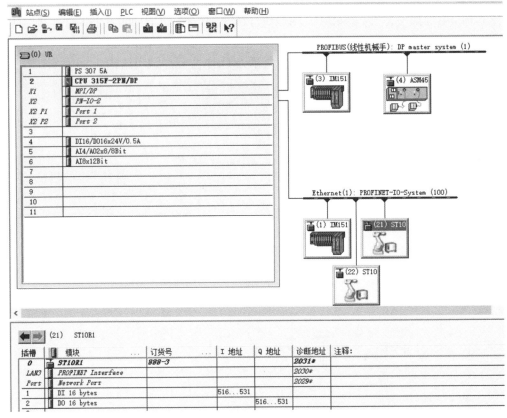

图 4 – 19　控制机器人的接口地址

5）接口起始地址定义

FB441 是控制第 2 台 ABB 机器人的启动时序块；机器人控制接口可以查看 SFC15 发送给机器人的接口信号。W#16#218 为起始地址，如图 4 – 20 所示。

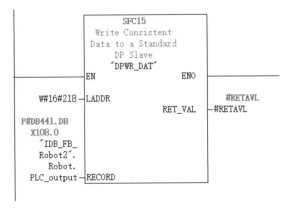

图 4 – 20　SFC15 信号发送至机器人

学习笔记

DB441 控制第 2 台 ABB 机器人启动时序块的定义发送，起始地址从 P#DB441.DBX108.0 开始，每个地址均对应机器人具体功能，如图 4－21 所示。

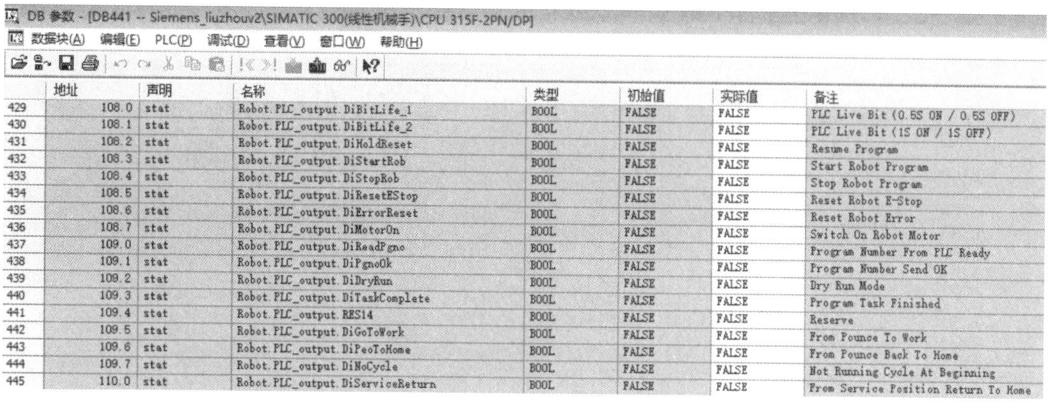

DB 参数 - [DB441 -- Siemens_liuzhouv2\SIMATIC 300(线性机械手)\CPU 315F-2PN/DP]

数据块(A) 编辑(E) PLC(P) 调试(D) 查看(V) 窗口(W) 帮助(H)

	地址	声明	名称	类型	初始值	实际值	备注
429	108.0	stat	Robot.PLC_output.DiBitLife_1	BOOL	FALSE	FALSE	PLC Live Bit (0.5S ON / 0.5S OFF)
430	108.1	stat	Robot.PLC_output.DiBitLife_2	BOOL	FALSE	FALSE	PLC Live Bit (1S ON / 1S OFF)
431	108.2	stat	Robot.PLC_output.DiHoldReset	BOOL	FALSE	FALSE	Resume Program
432	108.3	stat	Robot.PLC_output.DiStartRob	BOOL	FALSE	FALSE	Start Robot Program
433	108.4	stat	Robot.PLC_output.DiStopRob	BOOL	FALSE	FALSE	Stop Robot Program
434	108.5	stat	Robot.PLC_output.DiResetEStop	BOOL	FALSE	FALSE	Reset Robot E-Stop
435	108.6	stat	Robot.PLC_output.DiErrorReset	BOOL	FALSE	FALSE	Reset Robot Error
436	108.7	stat	Robot.PLC_output.DiMotorOn	BOOL	FALSE	FALSE	Switch On Robot Motor
437	109.0	stat	Robot.PLC_output.DiReadPgno	BOOL	FALSE	FALSE	Program Number From PLC Ready
438	109.1	stat	Robot.PLC_output.DiPgnoOk	BOOL	FALSE	FALSE	Program Number Send OK
439	109.2	stat	Robot.PLC_output.DiDryRun	BOOL	FALSE	FALSE	Dry Run Mode
440	109.3	stat	Robot.PLC_output.DiTaskComplete	BOOL	FALSE	FALSE	Program Task Finished
441	109.4	stat	Robot.PLC_output.RES14	BOOL	FALSE	FALSE	Reserve
442	109.5	stat	Robot.PLC_output.DiGoToWork	BOOL	FALSE	FALSE	From Pounce To Work
443	109.6	stat	Robot.PLC_output.DiPeoToHome	BOOL	FALSE	FALSE	From Pounce Back To Home
444	109.7	stat	Robot.PLC_output.DiNoCycle	BOOL	FALSE	FALSE	Not Running Cycle At Beginning
445	110.0	stat	Robot.PLC_output.DiServiceReturn	BOOL	FALSE	FALSE	From Service Position Return To Home

图 4－21 发送至机器人对应功能地址

6）ABB 机器人 I/O 地址查看

可以根据 I/O 查看输入点对应地址。例如生命位 diBitLife_1 的查看，如表 4－6 配置流程所示。

表 4－6 配置机器人 I/O 操作流程

操作流程	操作说明	示意图
1	查看机器人生命位变量	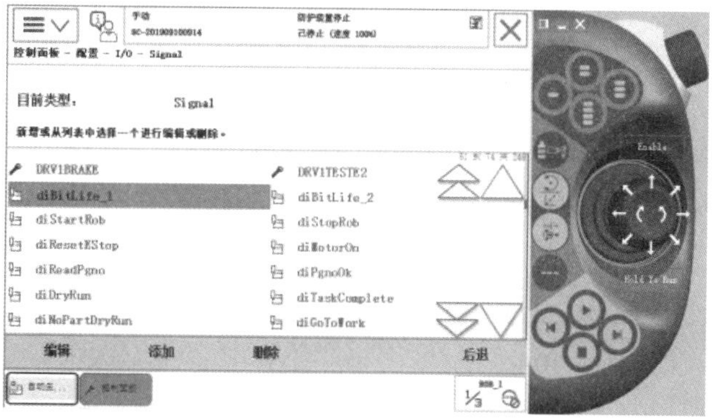
2	机器人生命位地址查看	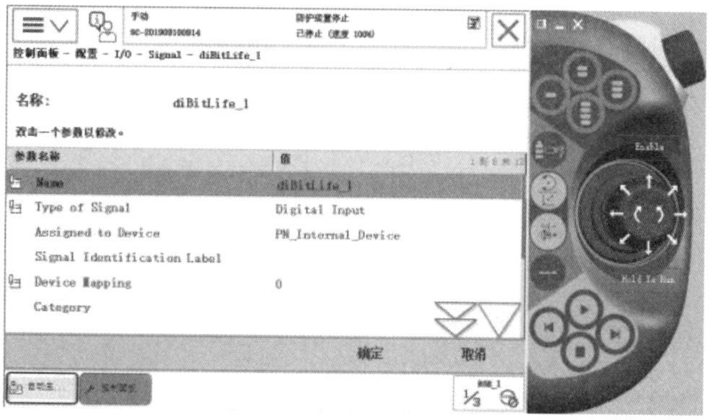

学习笔记

操作流程	操作说明	示意图
3	PLC 发送至机器人地址。列举 diMotorOn 机器人电机上电信号配置过程,首先机器人输入信号地址查看查找 PLC 的 GSD 文件输出地址 DB441.DBX108.7 为 Robot.PLC_output.DiMotorOn	
4	diMotorOn 地址设置:在 I/O 信号中将 diMotorOn 地址设置为 7,即通过 PLC 控制该地址 DI 动作,实现机器人电机上电功能	
5	配置系统信号,进入 System Input 系统	

操作流程	操作说明	示意图
6	新建 diMotorOn 系统信号；在系统中新建所需系统信号，如 diMotorOn_MotorOn	
7	在该系统输入信号里，在 Signal Name 中，选择之前的信号 diMotorOn，即将该信号作为系统控制输入电机上电信号，实现自动运行模式下的该功能。Action 动作功能为 Motors On	
8	验证 I/O 配置： 输入信号验证方法：根据输入信号分配的地址，找到相应的按钮，当按钮按下时，示教器上对应的输入信号则由 0 变为 1，此时 diMotorOn 信号仿真	

操作流程	操作说明	示意图
9	SFC14 机器人信号发回至 PLC；输出信号验证方法：首先在 PLC 侧完成对机器人返回给 PLC 的指令。信号从 DB441.DBX54.0 开始对应	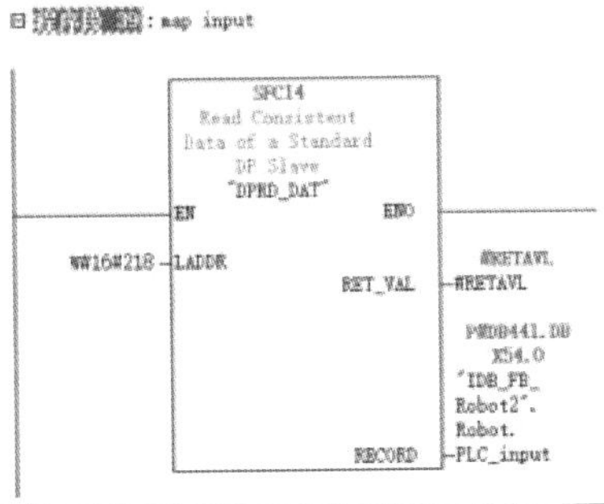
10	机器人信号发回至 PLC 地址；通过 DB441 数据块的地址可以得知，DB441.DBX54.7 地址为 doMotorOn。该地址是 ABB 机器人的启动上电地址信号，通过通信发送至 PLC	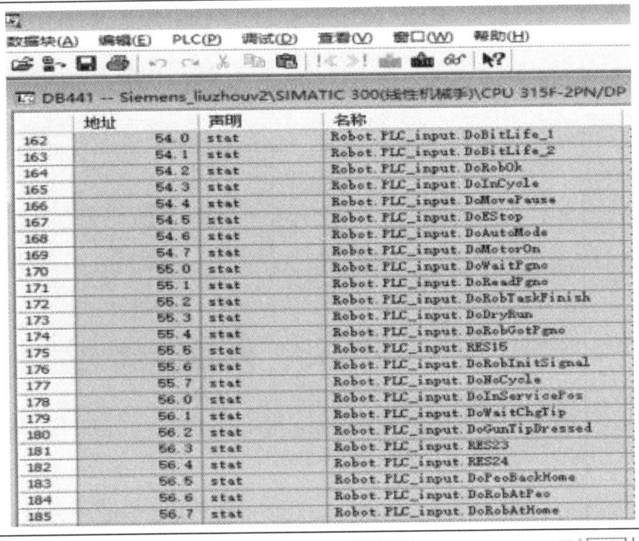
11	在 I/O 信号模块上找到对应的端口，将输出信号仿真强制置为 1，查看机器人 doMotorOn 信号如图所示。再查看对应 PLC 侧 DB441.DBX54.7 地址是否接收到信号	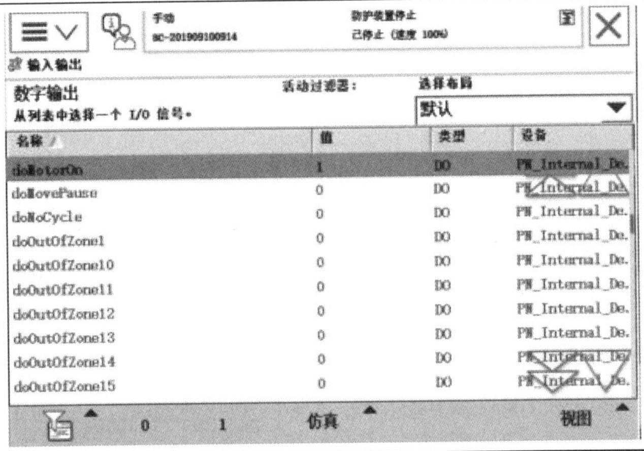

任务 4.2　系统调试：机器人搬运工作站控制系统功能调试

任务描述

　　线体托盘通过输送链运动至机器人上下料位挡停位置停下后，PLC 控制机器人 R2 从 HOME 点出发，移动至 TAB01 物料托架盘中将毛坯挡圈抓取后，从上料位置搬运至生产线上的托盘固定位置，机器人搬运完成后继续回到 HOME 点。根据任务 1 的工艺案例步骤完成对 ABB 机器人的通信参数设置，对 PLC300 与 ABB 机器人的 PROFINET 组态参数设置。

学前准备

　　1. ABB 编程操作手册；
　　2. STEP7 软件使用说明书。

学习目标

　　※　素质目标：
　　1. 培养安全作业能力及提高职业素养；
　　2. 培养较强的团队合作意识；
　　3. 养成规范的职业行为和习惯。
　　※　知识目标：
　　1. 能完成对工业机器人的主要信号配置；
　　2. 能够保存程序、能寻找不丢失；
　　3. 能建立、保存和删除工业机器人的程序、功能或者函数；
　　4. 能完成工具坐标系的标定并能根据控制要求选择合适的坐标系类型；
　　5. 能用示教器手动控制工业机器人的移动完成物料上下料的示教，并完成示教点的保存；
　　6. 能根据工艺要求，完成工业机器人程序编制，能对工业机器人进行自动上下料控制。
　　※　能力目标：
　　1. 具有良好的语言、文字表达能力和沟通能力。
　　2. 能熟练对工业机器人进行现场编程。

学习流程

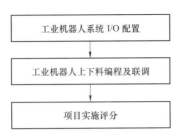

```
┌─────────────────────────────┐
│   工业机器人系统 I/O 配置      │
└─────────────────────────────┘
              │
              ▼
┌─────────────────────────────┐
│   工业机器人上下料编程及联调   │
└─────────────────────────────┘
              │
              ▼
┌─────────────────────────────┐
│        项目实施评分           │
└─────────────────────────────┘
```

4.2.1　任务准备

4.2.1.1　工作着装准备

进行机器人工位作业时，全程必须按照要求穿着工装和电气绝缘鞋，正确穿戴安全帽，如图 4-22 所示。

劳保用品穿戴要求		安全穿戴示意图
	戴硬壳安全帽	
	穿长袖劳保衣裤	
	穿全包裹式鞋	

图 4-22　正确佩戴劳保用品

4.2.1.2　机器人操作安全工作准备

（1）机器人的操作员必须经过规定教育培训，并对安全及机器人的功能有彻底的认识。

（2）在伺服电源 ON 的状态下进入机器人的动作范围内时，请在可以按下紧急停止按钮的状态下进入。此外，此时在动作范围外，必须配置立即可按下紧急停止按钮的监视人。

（3）操作机器人时或进入机器人的动作范围内时，必须戴安全帽及穿安全鞋，并穿防护衣服。

（4）经常注意机器人的动作，勿背向着机器人工作，否则可能由于未及时发现机器人的动作而发生事故。

（5）发现有异常时，请立即按下紧急停止按钮。

（6）执行示教时，请注意确认程序号码或步进号码而操作。以错误的程序或步进编辑，可能会发生事故。

（7）编辑完程序后，请以存储保护功能防止被误加编辑。

（8）示教作业结束后，请清扫防护栅内部，确认是否有遗留的工具等。

（9）作业开始或结束时，必须留意整理、整顿及清扫工作。

（10）作业开始时必须依照核对清单执行日常检查。

（11）在防护栅内的出入口，挂上"运转中禁止入内"的牌子，作业人员要彻底执行。

（12）自动运转开始时，请确认防护栅内是否有作业人员。

（13）自动运转开始时，请在立即可按下紧急按钮的状态下启动。

（14）请平常就理解、掌握机器人的动作路径、动作状态及动作声音，要能判断是否有异常状态。机器人在发生故障前，可能出现某种征兆。为了提前查出异常，平时就应掌握正常状态。

4.2.2 任务实施：ABB 工业机器人上下料编程及联调

4.2.2.1 工业机器人 I/O 配置

为了能够通过 PLC 对机器人进行信号控制，需要对机器人系统信号的 I/O 配置，包括数字输入输出信号 DI 和 DO 的配置，还包括系统输入信号和系统输出信号；在机器人末端安装气动夹爪，连接气路和电路，并合理配置数字输出信号，可参考任务 4.1 进行配置。

4.2.2.2 工业机器人夹具 I/O 配置

整个自动搬运过程由 PLC 发送命令，对于机器人的手爪控制，是由安装在第六轴末端法兰盘的手指气缸控制的，采用双控电磁阀控制，气动夹爪的夹紧与松开由 PLC 数字输出控制。气爪的放松由机器人数字输出信号中的 DO OPEN 信号控制，气爪的夹紧由机器人数字输出信号中的 DO CLOSE 信号控制，具体配置过程详见拓展知识模块。请根据以上配置，将所配置的各个信号名称对应**补充完整**填写到表 4-7 对应的信号名称栏。

表 4-7　PLC 与机器人信号对应表

序号	PLC 地址	发送/接收	机器人地址名称	配置地址	作用
1	DB440.DBX108.7	→	diMotorOn	7	电机上电
2		→			自动运行
3		→			急停信号
4		→			停止信号
5		←			执行完成
6		→			气爪夹紧
7		→			气爪放松

步骤1：编写一个简单的机器人搬运挡圈工件的动作程序，要求有能接收信号完成自动上下料运行程序。同时对工具坐标系标定，并检查标定结果。

ABB 机器人的搬运程序如下：（参考程序）

```
PROC main()
MoveAbsJ xxx999\NoEOffs,v100,fine,tool0;
MoveJ xxx1,v100,fine,tool0;
MoveJ xxx11,v100,fine,tool0;
MoveJ xxx21,v100,fine,tool0;
WaitTime 2;
Reset doCLOSE;
Set doOPEN;
WaitTime 2;
MoveJ xxx11,v100,fine,tool0;
MoveJ xxx1,v100,fine,tool0;
MoveJ xxx51,v100,fine,tool0;
MoveJ xxx61,v100,fine,tool0;
WaitTime 2;
Reset doOPEN;
Set doCLOSE;
WaitTime 2;
MoveJ xxx51,v100,fine,tool0;
MoveJ xxx1,v100,fine,tool0;
Stop;
ENDPROC
```

先在手动模式单步测试机器人的搬运程序是否正确。单击调试，单击 PP 移至 Main。之后单击启动开始，进行单步程序整体调试，观察机器人运动是否满足要求。

步骤 2：编写简单的 PLC 程序控制机器人

按下 PLC 侧启动机器人，查看机器人侧信号是否能收到信号，如果通信正常，可以加入启动停止功能进行联调控制。

步骤 3：联调动作测试

测试 PLC 与机器人的动作是否成功，操作步骤如下：

（1）示教器中 PP 光标移至 Main，等待命令运行信号。

（2）在控制柜面板上通过钥匙将机器人切换至左侧的自动模式，之后在弹出的提示框中单击"确定"按钮。

（3）非单步执行状态。

以上步骤完成后，按下"启动"按钮，即可运行全部自动搬运程序。

步骤 4：搬运程序结合自动生产线线体进行线体和机器人工艺工序的顺序联动。即可以实现线体自动运行，当托盘移动到机器人工位时自动挡停，将信号发送至 PLC，由 PLC 判断控制机器人来进行抓取工件上料或者下料工作，实现本工位的联调动作。

4.2.3 任务评价

项目实施评分表见表 4-8。

表 4-8　项目实施评分表

序号	项目评分标准	分值	自评分	教师评分	存在问题记录及分析
1	ABB 工业机器人侧进行 IP 地址配置是否正确	5			
2	ABB 机器人进行 PROFINET 网络地址设置是否正确	5			
3	PROFINET Station Name 设备名称的设置是否正确	5			
4	对 PLC 进行网络组态,能将 GSD 文件导入 PLC 组态中并建立与 ABB 机器人的通信	5			
5	PLC300 与 ABB 机器人的 PROFINET 的组态参数设置是否正确	5			
6	能清楚 PLC 的程序结构,能够建立 PLC 主程序 0B1 和机器人控制子程序 FB441	5			
7	能够编写控制 ABB 机器人的程序	5			
8	能够保存程序、会寻找不丢失	5			
9	能正确对工业机器人的主要信号配置	5			
10	能建立、保存和删除工业机器人的程序、功能或者函数	5			
11	能完成工具坐标系的标定,并检查标定结果;能根据控制要求选择合适的坐标系类型	5			
12	能用示教器手动控制工业机器人的移动	5			
13	能完成物料上下料的示教,并完成示教点的保存	5			
14	能根据工艺要求,绘制流程图,完成工业机器人搬运程序编写	10			
15	能基于 ABB 工业机器人进行自动运行设置	5			
16	能实现 PLC 对工业机器人进行自动上下料运行控制,完成所有自动搬运功能	10			
17	职业素养	10			
总分		100			

任务 4.3 运行维保：机器人日常点检

任务描述

上下料系统的日常点检是使用设备持续保持安全正常工作的必备环节。设备在使用前后需要进行班前和班后的日常点检。工业机器人进行维修和检查时，确认主电源已经关闭，按照点检流程逐一进行。

学前准备

1. ABB 保养手册；
2. 点检文件。

学习目标

※ 素质目标：
1. 养成规范的职业行为和习惯；
2. 养成执行工作严谨、认真的过程细节。

※ 知识目标：
1. 熟悉生产线设备日常保养的内容、方法和手段；
2. 能对机器人上下料工作站进行日常点检作业。

※ 能力目标：
1. 具有良好的语言、文字表达能力和沟通能力；
2. 具有本专业必需的信息技术应用和维护能力。

学习流程

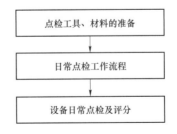

4.3.1 任务准备

点检是按照一定标准、一定周期，对设备规定的部位进行检查，以便早期发现设备故障隐患，及时加以修理调整，使设备保持其规定功能的设备管理方法。设备点检制不仅仅是一种检查方式，更是一种制度和管理方法。

4.3.1.1　点检工具、材料准备

点检所需要的日常工具和材料包括：

（1）清洁工具、材料：扫帚、铲子、刷子、棉纱、毛巾、清洁剂等。

（2）润滑工具：油壶、油枪。

（3）紧固工具：螺丝刀、活动扳手。

（4）个人防护用品：工作服、防水胶手套。

4.3.1.2　日常点检工作流程

日常点检工作主要是在班前和班后进行：检查、清扫、润滑、紧固。工业机器人进行维修和检查时，确认主电源已经关闭，按照以下流程进行点检：

（1）开机前的检查。

（2）填写设备点检表。

（3）班后设备清扫。

（4）设备润滑。

（5）设备紧固。

（6）工具归位（按"5S"定置）。

（7）填写设备交接班记录表。

设备日常维护工具如图4-23所示。

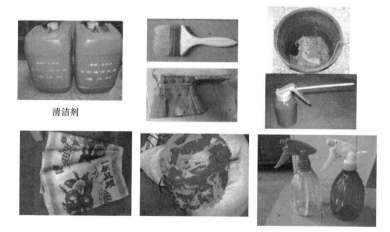

清洁剂

图4-23　设备日常维护工具

4.3.2　任务实施：ABB工业机器人日常点检作业

设备日常点检作业是指岗位生产人员（设备操作人员），每天根据设备日常点检标准书，对重要设备关键部位的声响、振动、温度、油压等运行状况，通过人的感官进行的检查，并将检查结果记录在设备点检表中的工作。大部分点检内容通常班前按《设备日常点检作业标准》进行，如表4-9所示。

表 4-9　设备点检五感法内容

五感	检查部位	检查内容
眼看	润滑、液压	各仪表（包括电流、旋转、压力、温度和其他）的指示值以及指示灯的状态，将观察值与正常值对照
	冷却	油箱油量，管接头有无漏油、有无污染等
	磨损	水量，管接头有无漏水、有无变质等
	清洁	皮带松弛、龟裂、配线软管破损、焊接脱落
耳听	异响声	机床外表面有无脏物、生锈、掉漆等
		碰撞声：检查紧固部位螺栓松动、压缩机金属磨损情况
		金属声：检查齿轮咬合不良，联轴器轴套磨损，轴承润滑不良情况
		轰鸣声：检查电气部件磁铁接触不良，电动机缺相情况
		噪声
		断续声：轴承中混入异物
手摸	温度	电机过载发热，润滑不良
	振动	往复运转设备的紧固螺栓松动，轴承磨耗、润滑不良、中心错位及旋转设备的不平衡，拧紧部位松弛
鼻闻嗅味	烧焦味	电动机、变压器等有无因过热或短路引起的火花，或绝缘材料被烧坏等
	臭味	线圈、电动机的烧损，电气配线的烧损
	异味	气体等有无泄漏

日常点检流程如图 4-24 所示。

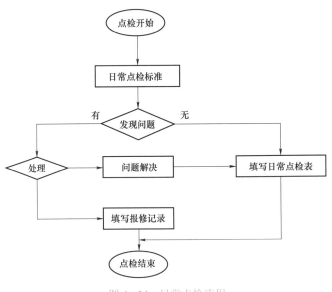

图 4-24　日常点检流程

设备正常的安全机构是保证人身安全的前提，安全机构检查应纳入日常点检范围内，机器人安全使用要遵循以下原则：不随意短接、不随意改造、不随意拆除、操作规范。

1. 机器人日常检查内容

（1）机器人紧急停止按钮的检查，包括控制柜急停开关和手持操作盒急停开关。

（2）安全门及门开关的检查。检查方法：机器人处于停止状态、控制柜模式开关处于 AUTO 位置，机器人没有显示任何报警信息。

（3）外部紧急停止开关的检查。检查方法：机器人处于停止状态下，机器人没有显示任何报警信息，按下外部急停按钮。

2. 机器人工作站日常检查内容

机器人工作站日常检查包含机器人安全围栏、工装、水气等内容的检查，每天都应该进行设备的点检，内容如表 4-10 所示。

表 4-10　TPM 标准点检表——机器人设备

项目：机器人工位			操作者 A 班： B 班：	零件简称/图号： （　　　　　）.		日期：	
序号	系统	检查点		检查/维护内容	检查标准	A 班	B 班
1	机器人	夹爪	夹爪机械部分	断裂	夹爪无断裂、崩断		
			夹爪	夹紧	夹爪有效夹紧，无松动、晃动，无异响，各单元润滑良好		
			夹爪气路	气管	检查各快速接头、气管无老化、松动、漏气现象		
		本体	基座	螺栓	螺栓等连接紧固件无松动		
				电缆	电缆线无破损，连接处连接紧固		
			轴	螺栓	紧固牢靠、无松动		
				油嘴	密封好、无漏油		
		工作站	安全系统	安全门	在远控/在线模式下，打开安全门，机器人不工作		
				安全光栅	在作业工位遮挡安全光栅，机器人停止工作		
				急停按钮	按下急停按钮，在任何模式下机器人都停止工作		
2	工装	夹具		夹紧臂	夹紧放松动作顺畅		
				限位块	无松动，U 形槽内无飞溅，无磨损		
				气动元器件	无破损，功能正常		
				基准块	无焊接飞溅，无松动		
				定位销	无明显变形、损坏，无焊接飞溅，无松动、磨损		
				台面	无锈迹、飞溅等异物		

学习笔记

序号	系统	检查点	检查/维护内容	检查标准	A班	B班
3	水气	水气系统	水气管	摆放整齐，无漏水、漏气		
			系统压力	气压 0.5~0.70 MPa，循环水压力≥5.0 MPa		
			气水分离器	气水分离器内没有水		
4	签章	操作者签章		操作者对以上内容检查无误后，签字确认		
		项目负责机修签章		项目负责机修查看是否有需要维修的项目，并签章确认		
		班组长/技术员签章		项目负责技术员/班组长每周检查一次，并签章确认		
	备注：1. 点检标记："○"表示正常；"△"表示可以使用，但需要维修；"×"表示不能工作，维修解决，班组长跟踪，"⊗""⊘"表示已修复。 2. 本工位不适用的，在空白框内填"N/A"。 3. 机修、班组长、技术员检查操作者点检情况，并在相应的位置签字确认。 4. 每周检查的项目，在相应的空白框内填写点检标记，并填写检查者的姓名及日期。					

4.3.3 任务评价

按照设备日常点检表格进行逐项位置点检，根据机器人工作站点检项目实施评分表 4–11 进行评定。

表 4–11 机器人工作站点检项目实施评分表

序号	项目评分标准	分值	自评分	教师评分	存在问题记录及分析
1	工业机器人夹爪点检是否逐一完成	20			
2	工业机器人本体点检是否逐一完成	20			
3	工业机器工作站本体点检是否逐一完成	20			
4	工业机器工装夹具部分点检是否逐一完成	15			
5	工业机器水气系统部分点检是否逐一完成	15			
6	职业素养	10			
	总分	100			

拓展任务　上下料工作站的码垛控制

任务描述

结合上下料工作站的基本上下料功能，可以拓展工件的码垛功能，在下料的过程中可以对工件进行码垛的拓展功能应用。

学前准备

1. ABB 编程操作手册；
2. STEP7 软件使用说明书。

学习目标

※ 素质目标：
1. 培养安全作业能力及提高职业素养；
2. 培养较强的团队合作意识；
3. 养成规范的职业行为和习惯。

※ 知识目标：
1. 能完成对工业机器人的码垛主要信号配置；
2. 能够保存程序、能寻找不丢失；
3. 能建立、保存和删除工业机器人的程序、功能或者函数；
4. 能完成工具坐标系的标定并能根据控制要求选择合适的坐标系类型；
5. 能用示教器手动控制工业机器人的移动完成物料上下料的示教，并完成示教点的保存；
6. 能根据工艺要求，完成工业机器人程序编制，能对工业机器人进行自动码垛控制。

※ 能力目标：
1. 具有良好的语言、文字表达能力和沟通能力；
2. 能熟练对工业机器人进行现场编程。

学习流程

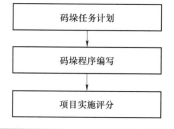

码垛是将已装入容器的纸箱，按一定排列码放在托盘、栈板（木质、塑胶）上，进行自动堆码，可堆码多层。结合上下料工作站的基本上下料功能，可以拓展对工件的码垛功能，在下料的过程中可以对工件进行码垛的应用。

4.4.1 码垛任务计划

4.4.1.1 工艺流程梳理

（1）前往取件点路径。

（2）取件点取件，需要考虑：

① 确定取件组内成员数。

② 确定取件原点及偏移量。

③ 确定取件次数。

（3）前往摆件点路径。

（4）摆件点摆件，需要考虑：

① 确定摆件组内成员数。

② 确定摆件原点及偏移量。

③ 确定摆件次数。

4.4.1.2 码垛程序编写

（1）设置好工件坐标系、工具，对第一个码垛放置点进行示教，xyz 方向的间距和个数可设机器人创建码垛程序。参考步骤如表 4-12 所示。

表 4-12　参考步骤

操作步骤	操作说明	示意图
1	创建 m_pallet 模块	

操作步骤	操作说明	示意图
2	建立两个 routine	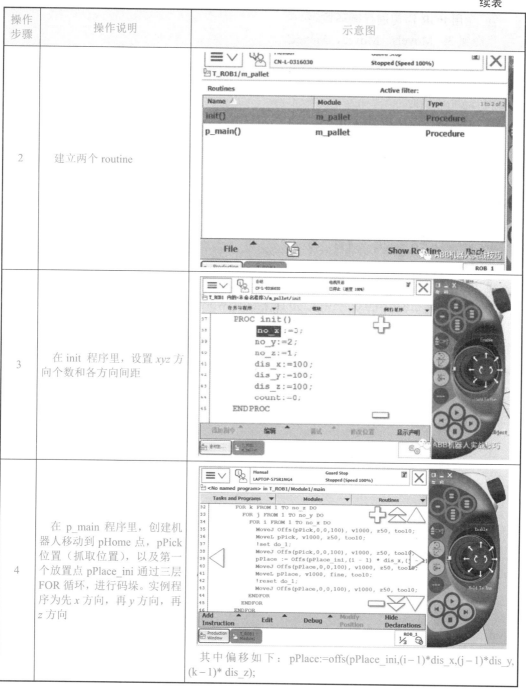
3	在 init 程序里，设置 xyz 方向个数和各方向间距	
4	在 p_main 程序里，创建机器人移动到 pHome 点，pPick 位置（抓取位置），以及第一个放置点 pPlace_ini 通过三层 FOR 循环，进行码垛。实例程序为先 x 方向，再 y 方向，再 z 方向 其中偏移如下：pPlace:=offs(pPlace_ini,(i−1)*dis_x,(j−1)*dis_y,(k−1)* dis_z);

（2）参考使用指令

指令集 1：MoveL、MoveJ、MoveC。

指令集 2：Set。

逻辑判断：

① 变量 A 赋值。

② 示教取件原点及调用 offs 功能计算偏移量。

③ 调用 FOR 语句进行循环控制。

指令集 3：MoveL、MoveJ、MoveC。

动作 4：Reset。

需要考虑：

① 变量 B 赋值。

② 示教摆件原点及调用 offs 功能计算偏移量。

③ 调用 FOR 语句进行循环控制。

（3）码垛参考案例程序：

① MoveL p10,v200,fine,tool1\Wobj:=wobj1;//运动到取件原点。

② MoveL offs(p10,0,0,−50),v200,fine,tool1\Wobj:=wobj1;//沿取件原点 z 轴方向下移 50 mm，使夹具头深入物料。

③ Set DO10_1;//夹具夹紧。

④ MoveL p10,v200,fine,tool1\Wobj:=wobj1;//提起物料。

⑤ MoveL p20,v200,fine,tool1\Wobj:=wobj1;//运动到摆件原点。

⑥ MoveL offs(p20,0,0,−50),v200,fine,tool1\Wobj:=wobj1;//沿摆件原点 z 轴方向下移 50 mm，使物料贴"地"。

⑦ Reset DO10_1;//夹具松开。

⑧ MoveL p20,v200,fine,tool1\Wobj:=wobj1;//提起夹具。

课后作业

1. 填空题

（1）在组态网络过程中，网络中的 PLC 与机器人需要同时通过_____和_____来确定。

（2）I/O（输入/输出信号）是_____、_____的外围设备进行通信的电信号，分为_____和_____。

（3）I/O 信号可以分为_____和_____。

（4）常用的自动运行方式包括_____、_____和_____。

2. 简答题

（1）简述 ABB 工业机器人自动运行需要哪些步骤，如何操作？

（2）机器人系统输入、输出信号有什么作用？

（3）简述 ABB 工业机器人自动搬运控制系统设计流程。

项目 5　生产线数控机床上下料系统控制

项目引入

　　自动生产线的 CNC2 数控机床区域的控制由多个硬件部分组成，分别由 300PLC、川崎机器人、数控机床 CNC2 构成。项目需要完成对所有硬件组态配置，包括网络配置。编写机器人上下料运行控制程序，根据数控机床与 PLC 的通信编写流程程序，实现对数控机床机器人上下料工作站的流程自动控制，实现该数控机床加工工位的自动上下料。数控车床机器人上下料位置示意图如图 5-1 所示。

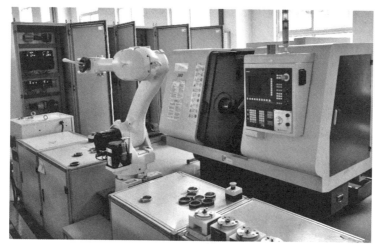

图 5-1　数控车床机器人上下料位置示意图

　　本项目在整条柔性生产线中主要作为数控机床 CNC1 的机器人上下料系统，前序项目解决了输送线的运行及基本机器人的构建内容，完成了本站点即可完成一个数控机床机器人工作站 2 序的毛坯件上下料进行数控加工第二道工序的工作，承接数控机床进行第一道工序加工。本项目在课程中的位置如图 5-2 所示。

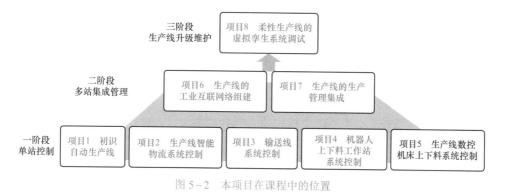

图 5-2　本项目在课程中的位置

项目学习目标

※ 素质目标：

1. 培养大国工匠精神；

2. 培养安全作业及职业素养要求；

3. 培养较强的团队合作意识；

4. 养成规范的职业行为和习惯；

5. 养成执行工作严谨、认真的过程细节。

※ 知识目标：

1. 能针对自动生产线的 CNC2 数控机床进行硬件及通信配置组态；

2. 能对自动生产线线体川崎机器人进行示教操作及上下料工艺编程；

3. 能依据自动生产线运行节拍进行线体 CNC2 区域工位的挡停与机器人上下料进行流程控制；

4. 能清楚 PLC 的程序结构，能够建立 PLC 主程序和机器人控制子程序；

5. 能够保存程序、能寻找不丢失；

6. 能建立、保存和删除川崎机器人工业机器人的程序、功能或者函数；

7. 能完成川崎机器人工具坐标系的标定并能根据控制要求选择合适的坐标系类型；

8. 能用川崎机器人示教器手动控制工业机器人的移动完成物料上下料的示教，并完成示教点的保存；

9. 能根据工艺要求，完成工业机器人程序编制，能对工业机器人进行自动上下料控制；

10. 能够根据工艺要求控制数控机床开门、关门、夹爪盘夹紧和放松、启动加工程序；

11. 能对上下料系统进行日常点检。

※ 能力目标：

1. 具有探究学习、终身学习、分析问题和解决问题的能力；

2. 具有良好的语言、文字表达能力和沟通能力；

3. 具有本专业必需的信息技术应用和维护能力；

4. 能熟练对工业机器人进行现场编程；

5. 能通过查表找出机器人与 PLC、数控机床与 PLC 的通信地址对应关系。

学习任务

任务 1　技术准备 1：PLC 与数控机床通信配置

任务 2　技术准备 2：川崎上下料机器人操作控制

任务 3　系统调试：数控机床上下料控制系统功能调试

任务 4　运行维保：数控机床及川崎机器人日常点检

拓展任务：数控机床加工单元

依托企业项目载体：柳州工程机械股份有限公司装载机挡圈零部件加工生产线。

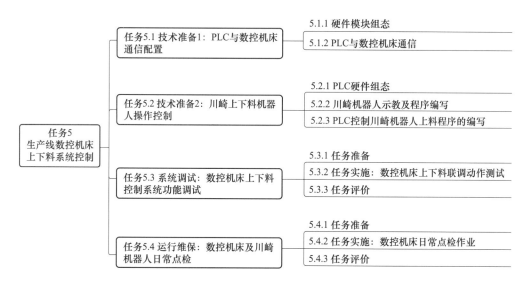

标准链接

★项目技能对应的职业证书标准、对接比赛技能点以及其他相关参考标准如表 5-1～表 5-3 所示。

表 5-1　对应 1+X 证书标准

序号	对标 1+X 证书	扫描二维码查看
1	1+X 证书"智能制造生产线集成应用职业技能等级标准"（2021 年版）	
2	1+X 证书"智能制造单元集成应用职业技能等级标准"（2021 年版）	

表 5-2　对接比赛技能点

序号	全国职业技能大赛	对应比赛技能点内容	
1	2022 年全国职业技能大赛 GZ-2022021 "工业机器人技术应用"赛项规程及指南	任务三　设计与连接	工业机器人末端执行器的气路设计与连接
		任务六	工业机器人系统编程调试
2	2022 年全国职业技能大赛 GZ-2022018 "机器人系统集成"赛项规程及指南	任务四	机器人系统集成（24%）
		任务五	集成系统联调（15%）

表 5-3　其他相关参考标准

序号	标准及规范	编码
1	可编程控制系统设计师国家职业标准	职业编码 X2-02-13-10
2	电工国家职业标准	职业编码 6-31-01-03
3	数控机床装调维修工国家职业标准	试行 1387
4	工业机器人安全规范	GB 11291-1997

任务 5.1　技术准备 1：PLC 与数控机床通信配置

任务描述

数控加工 CNC2 站需要将生产线挡圈经环形输送线体输送至 CNC2 站前，然后利用川崎机器人与数控机床配合，完成上下料的工作。在实现上下料工序之前，需要进行 s7-300PLC 的硬件组态配置，用于数控机床与 s7-300PLC 通信。PLC 与数控机床通信示意图如图 5-3 所示。

图 5-3　PLC 与数控机床通信示意图

学前准备

1. STEP7 软件使用说明书；
2. 西门子 802D 数控系统说明书。

学习目标

　※　素质目标：

1. 培养大国工匠精神；
2. 培养安全作业能力及提高职业素养；
3. 养成执行工作严谨、认真的过程细节。

　※　知识目标：

1. 能对西门子 802D 数控进行通信地址配置及查看设置，能够理解通信数据的含义；
2. 能对 PLC 进行网络组态，能与数控机床进行通信；
3. 能清楚 PLC 的程序结构，能够与数控机床进行数据发送和接收；
4. 能够保存程序、能寻找不丢失。

　※　能力目标：

1. 具有探究学习、终身学习、分析问题和解决问题的能力；
2. 具有本专业必需的信息技术应用和维护能力。

学习流程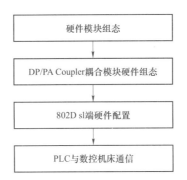

```
┌─────────────────────────────┐
│         硬件模块组态          │
└─────────────────────────────┘
              │
              ▼
┌─────────────────────────────┐
│  DP/PA Coupler耦合模块硬件组态  │
└─────────────────────────────┘
              │
              ▼
┌─────────────────────────────┐
│        802D sl端硬件配置       │
└─────────────────────────────┘
              │
              ▼
┌─────────────────────────────┐
│        PLC与数控机床通信        │
└─────────────────────────────┘
```

小贴士

党的二十大报告中提出,建设现代化产业体系。坚持把发展经济的着力点放在实体经济上,推进新型工业化,加快建设制造强国、质量强国、航天强国、交通强国、网络强国、数字中国。实施产业基础再造工程和重大技术装备攻关工程,支持专精特新企业发展,推动制造业高端化、智能化、绿色化发展。

知识拓展

5.1.1　硬件模块组态

CNC2 站负责完成第二工序的川崎机器人自动上下料,配合数控机床的挡圈零件加工工作。硬件组态所需的主要硬件如表 5–4 所示。

表 5–4　CNC2 站点主要硬件

序号	名称	订货号	硬件图片	功能	DP 地址
1	300PLC 315F– 2PN/DP	6ES7 315–2FJ14–0AB0		CNC2 PLC	6
2	DP/PA Coupler	6ES7 158–0AD00–0XA0		西门子耦合器和连接器	6
3	ET200S (IM151)	6ES7 153–2BA02–0XB0		远程 I/O 模块	3

序号	名称	订货号	硬件图片	功能	DP 地址
4	SIMENS 802D	SIMENS		SIMENS 数控车床	6

5.1.1.1 DP/PA Coupler 耦合模块硬件组态

1. DP/PA Coupler 耦合模块介绍

DP/PA Coupler 耦合模块负责数控机床的信号采集与控制，使用 DP 通信方式与数控机床进行数据交互，如图 5-4、图 5-5 所示。

图 5-4　CNC2 PLC 硬件实物　　　图 5-5　DP/PA COUPLER 耦合模块

DP/DP Coupler 主要用于连接两个 PROFIBUS-DP 主站网络，以便在这两个主站网络之间进行数据通信，数据通信区最高可以达 244 Byte 输入和 244 Byte 输出。

DP/DP Coupler 模块具有以下特点：

（1）连接两个不同的 PROFIBUS 网络进行通信，2 个网络的通信速率、站地址可以不同。

（2）最多可以建立 16 个 I/O 数据交换区。

（3）两个网络电气隔离，一个网段故障不影响另一个网段的运行。

（4）支持 DPV1 全模式诊断。

（5）可通过 DIL 开关、STEP7 或其他编程工具设定 PROFIBUS 站地址。

（6）双路冗余供电方式。

对于 DP/DP Coupler 连接的两个网段，通信速率可以不同，因此 DP/DP Coupler 非常适用于不同通信速率的两个 PROFIBUS-DP 主站系统之间的数据通信，但是对于通信数据区，网络 1 的输入区必须和网络 2 的输出区完全对应，同样网络 2 的输入区必须和网络 1 的输出区完全对应，否则会造成通信故障。本系统 CNC1 机床的 DP 通信速率为 1.5 M，CNC2 机床的 DP 通信速率为 187.5 K。

2. 在 PROFIBUS master 中组态 DP/DP Coupler

在 STEP7 组态 DP/DP Coupler 为 DP Slave。

打开 STEP7 软件，新建一个工程项目文件，命名为"CNC2"，在项目下插入一个 S7-300 站。双击插入的 S7-300 站的"Hardware"，打开硬件组态，在硬件组态界面下分别插入机架，电源 PS 307 5A，CPU 315F-2PN/DP，从 CPU 的 MPI/DP 接口中新建一条 PROFIBUS (1) 网络，网络行规为"DP"，波特率为"1.5 Mbps"，从硬件目录中将 DP/DP Coupler 拖曳至 PROFIBUS master 中，如图 5-6 所示。

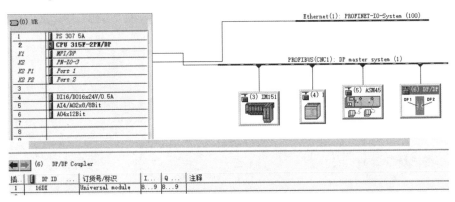

图 5-6　组建 DP 网络

1）设定 PROFIBUS 站地址

在硬件组态中双击 DP/DP Coupler 打开其属性对话框，在 PROFIBUS 对话框中设置 DP/DP Coupler 的站地址为 6，如图 5-7 所示。

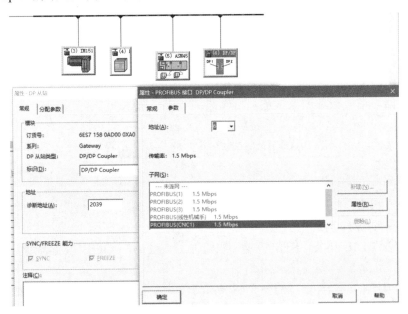

图 5-7　设置 DP/DP Coupler 的站地址

2）设定 DP/DP Coupler 其他属性

在硬件组态中双击 DP/DP Coupler 打开其属性对话框，切换到"Parameter Assignment"

对话框，设定模块的其他属性，各参数意义如下：

DP 报警模式：DPV0 或 DPV1，根据所连接的主站系统的类型来设定。

外部诊断使能：ON 或 OFF。

ON：当 DP/DP Coupler 网络中有诊断报告产生时（如 DP 连接器从网络中拔出），OB82 将被调用，SF 指示灯亮，"模块错误"信息将被写入 CPU 诊断缓冲区。

OFF：当 DP/DP Coupler 网络中有诊断报告产生时（如 DP 连接器从网络中拔出），OB82 将被调用，SF 指示灯不点亮，也没有任何信息将被写入 CPU 诊断缓冲区。

注意：如果处在模块调试阶段，建议禁止外部诊断模式。

3. 组态通信接口区

在 DP/DP Coupler 模块的通信接口区组态与网络 2 的通信数据，如图 5-8 所示。

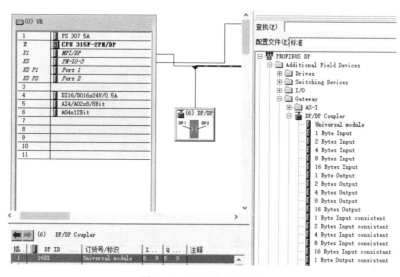

图 5-8　通信接口区组态

4. 802D sl 端硬件配置

802D sl 端 DP/DP Coulper 硬件配置在系统出厂时已内置：DP 地址为 6；输入起始地址 IB27，长度 16 Byte；输出起始地址 QB18，长度 16 Byte。对应的 DP/DP Coulper 设定，如表 5-5 所示。

表 5-5　硬件地址配置

项目	PS	DIA	ADDR	1	2	4	8	16	32	64
NC	ON/OFF	ON/OFF	OFF	OFF	ON	ON	OFF	OFF	OFF	OFF

如果两台 802D sl 通过 DP/DP Coulper 进行信息交换，两端设定相同。

5. S7-300 端硬件配置

数控系统 802D sl 和 S7-300 通过 DP/DP Coulper 进行信息交换，S7-300 端 DP/DP Coulper 可由用户自由设定，例如：地址为 10，且由硬件指定，传输校验生效，如表 5-6 所示。注意：此地址仅仅为组态 PLC 侧的地址。

表 5-6　S7-300 端硬件地址配置

项目	PS	DIA	ADDR	1	2	4	8	16	32	64
S7	ON	ON	OFF	OFF	ON	OFF	ON	OFF	OFF	OFF

通过 STEP7 做硬件配置：在 PROFIBUS-DP 网络上插入 DP/DP Coulper。

1）设定 PROFIBUS 站地址

在硬件组态中双击 DP/DP Coupler 打开其属性对话框，在 PROFIBUS 对话框中设置 DP/DP Coupler 的站地址为 6，如图 5-9 所示。

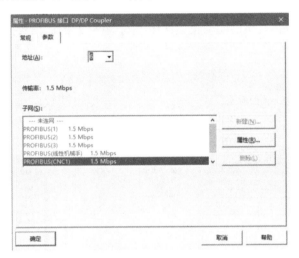

图 5-9　设置通信地址

2）设定 DP/DP Coupler 其他属性

在硬件组态中双击 DP/DP Coupler 打开其属性对话框，切换到"Parameter Assignment"对话框，设定模块的其他属性，如图 5-10 所示。

图 5-10　属性对话框配置

5.1.2　PLC 与数控机床通信

由于数控工作站是通过 STEP7 给 DP/DP Coupler 模块分配 PROFIBUS 站地址的，因此直接下载给 PLC 模块，然后用 DP 线分别连上模块两个网络的 DP 接口，左边的 DP 接头设置成 6（PLC 侧的 DP/DP Coupler 模块地址），右边的 DP 接头也设置成 6（数控车床的 DP 地址号）。

PLC 要与数控车床系统进行数据交换，则需要知道通信地址的对应关系：数控车床系统中的 DP 地址已经出厂标准化，按照图 5-11 进行分配。如果需要对应 PLC 的地址，就需要对应地址进行首地址偏移。

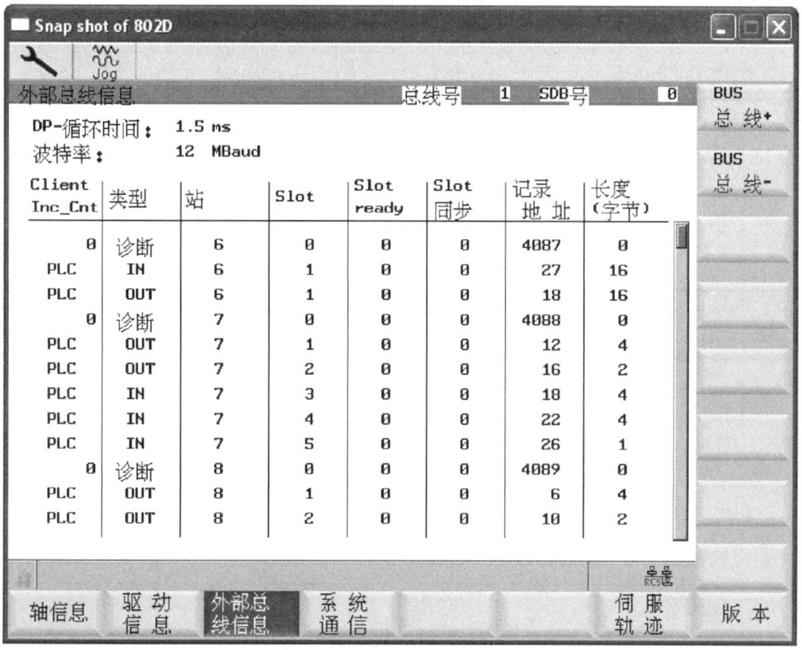

图 5-11　数控系统通信接口

从图 5-11 中可看出，机床 6 号站所对应的输入地址为 27，长度为 16 Byte；输出为 18，长度为 16 Byte；可参考表 5-7 查看。

表 5-7　发送和接收地址表

状态	PLC（6）	发送/接收	CNC1（6）
发送	Q8-Q9	>	I27-I28
接收	I8-I9	<	Q18-Q29

分别将 S7-300 和 S7-400 的硬件配置及程序下载到 CPU 中，将 OB85~OB87 加载到 CPU 中防止因通信故障导致 CPU 停机，各地址输入信号配置已经完成，具体的 PLC 输入点及功能定义作用如表 5-8 所示。

表 5-8 数控机床发送信号至 PLC 地址

序号	信号功能	PLC 接收信号	类型	数控机床 PLC 发送信号
1	CNC ready	I8.0	BOOL	Q18.0
2	CNC working	I8.1	BOOL	Q18.1
3	CNC error	I8.2	BOOL	Q18.2
4	CNC door op	I8.3	BOOL	Q18.3
5	CNC door CL	I8.4	BOOL	Q18.4
6	CNC 卡盘张开 S	I8.5	BOOL	Q18.5
7	CNC 卡盘闭合 S	I8.6	BOOL	Q18.6
8	CNC AUTO ST	I8.7	BOOL	Q18.7
9	CNC Fin Finish	I9.0	BOOL	Q19.0

PLC 各地址输出信号的配置及功能定义已经完成，具体的输出点作用如表 5-9 所示。

表 5-9 PLC 发送信号至数控机床地址

序号	信号功能	PLC 发送信号	类型	数控机床 PLC 接收信号
1	机床门开	Q8.0	BOOL	I27.0
2	机床门闭	Q8.1	BOOL	I27.1
3	机床卡盘打开	Q8.2	BOOL	I27.2
4	机床卡盘关闭	Q8.3	BOOL	I27.3
5	机床加工	Q8.4	BOOL	I27.4
6	机床停止	Q8.5	BOOL	I27.5
7	机床复位	Q8.6	BOOL	I27.6
8	机床急停	Q8.7	BOOL	I27.7
9	线体__ready	Q9.0	BOOL	I28.0
10	线体__error	Q9.1	BOOL	I28.1
11	TO CNC auto mode	Q9.2	BOOL	I28.2

进行 802D sl 数控机床的系统设置及诊断，PLC 诊断时，检测与机床的信号是否正确，在面板上按下"SHIFT"和"SYSTEM"两个按钮，进入调试系统如图 5-12 所示。

在系统操作区中按下屏幕下方的软键"PLC"，再按下"PLC 程序"。打开保存在永久存储器中的项目。屏幕结构显示如图 5-13 所示。

图 5-12 进入调试系统面板按键

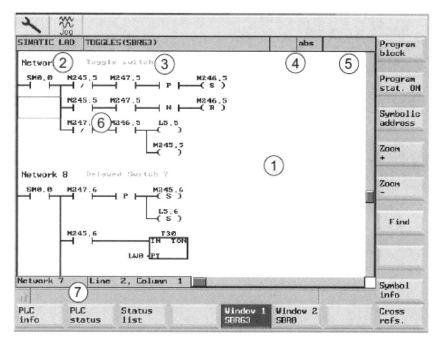

图 5-13　屏幕结构

下面对 PLC 诊断时屏幕的不同之处与补充要点进行说明。（此部分可以查看数控机床操作相应章节）屏幕结构的图例说明，如表 5-10 所示。

表 5-10　屏幕结构的图例说明

图形单元	显示	意义
①	应用区域	
②	所支持的 PLC 编程语言	
③	有效程序段的名称	
	显示：符号名称（绝对值名称）	
④	程序状态	
	RUN	程序正在运行
	STOP	程序已停止
	应用区域状态	
	Sym	符号显示
	abs	绝对值显示
⑤	▣▣	有效按键显示
⑥	焦点 接受光标所选中的任务	
⑦	提示行 在"查找"时显示提示信息	

任务 5.2　技术准备 2：川崎上下料机器人操作控制

任务描述

利用川崎机器人与数控机床配合，完成上下料的工作。在实现上下料工序之前，需要进行 s7 – 300PLC 的硬件组态配置，用于 s7 – 300PLC 与川崎机器人的连接。PLC 与川崎机器人的连接示意图如图 5 – 14 所示。

图 5 – 14　PLC 与川崎机器人的连接示意图

学前准备

1. STEP7 软件使用说明书；
2. 川崎机器人说明书。

学习目标

※ 素质目标：
1. 培养深厚的爱国情感和民族自豪感；
2. 培养安全作业能力及提高职业素养；
3. 养成执行工作严谨、认真的过程细节。

※ 知识目标：
1. 能对西门子 PLC 与川崎机器人的连接地址查看设置，能够理解输入和输出的地址含义；
2. 能对 PLC 进行网络组态及程序结构，能够与机器人进行数据发送和接收；
3. 能够保存程序、能寻找不丢失。

※ 能力目标：
1. 具有探究学习、终身学习、分析问题和解决问题的能力；
2. 具有本专业必需的信息技术应用和维护能力。

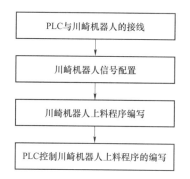

```
PLC与川崎机器人的接线
        ↓
川崎机器人信号配置
        ↓
川崎机器人上料程序编写
        ↓
PLC控制川崎机器人上料程序的编写
```

5.2.1 PLC硬件组态

主 PLC 模块，用于对川崎机器人进行控制，并协调 CNC2 站的上下料动作步序。s7-315 PLC 与川崎机器人的连接采用直接接线的方式实现，用到 PLC 扩展输入输出 I/O 模块。具体添加方式可查看线体硬件组态章节内容。CNC2 设备现场如图 5-15 所示。

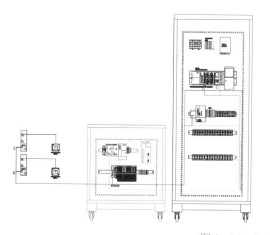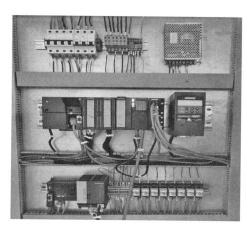

图 5-15　CNC2 设备现场

通过对 PLC 的硬件组态，可以看到扩展输入输出 I/O 模块所分配的地址起始位，如图 5-16 所示。

输入地址为 11～12，提供 2 个字节使用；输出地址为 11～12，提供 2 个字节使用；专用输出地址为 13～16，提供 4 个字节使用。

5.2.1.1 PLC 与川崎机器人的接线

1. PLC 输出连接至川崎机器人

PLC 输出至川崎机器人的接线，输出由中间继电器进行隔离。PLC 输出点接至中

间继电器，再由中间继电器的常开触点接至川崎机器人的输入模块，接线图如图 5-17
所示。

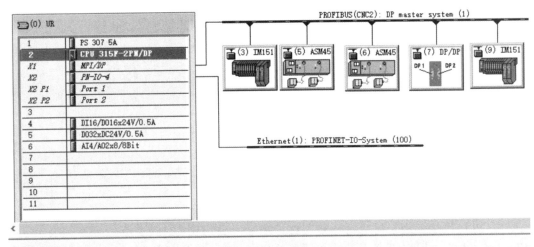

图 5-16 扩展模块地址

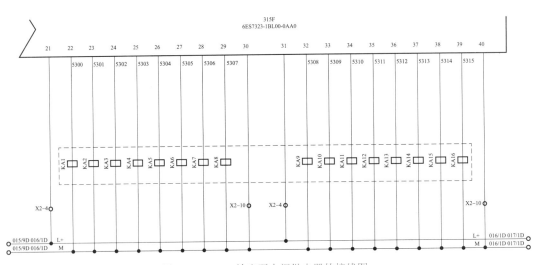

图 5-17 PLC 输出至中间继电器的接线图

中间继电器常开触点接入川崎机器人 CN4 接口输入端，从而得到从 PLC 发来的信号，如图 5-18 所示。

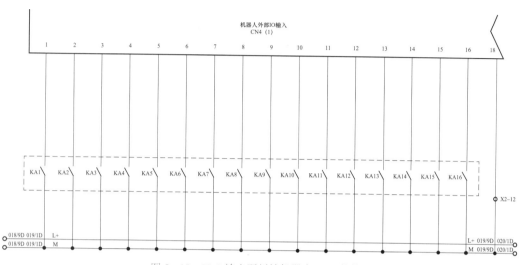

图 5-18　PLC 输出至川崎机器人 CN4 的接线

川崎机器人输入端 CN4 插头的接线图如图 5-19 所示。

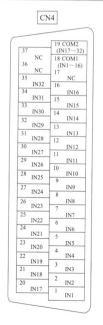

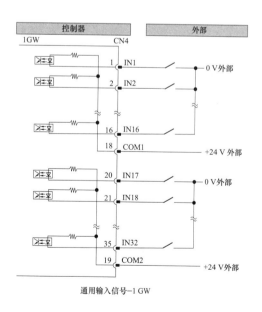

图 5-19　CN4 插头的接线图

2. 川崎机器人输出连接至 PLC

川崎机器人输出至 PLC 的接线，输出由中间继电器进行隔离。机器人 CN2 输出点接至中间继电器，再由中间继电器的常开触点接至 PLC 的输入模块，接线图如图 5−20 所示。

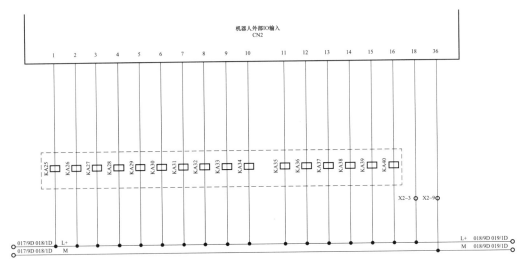

图 5−20   川崎机器人输出至中间继电器的接线图

中间继电器常开触点接入 PLC 输入端，从而得到从川崎机器人发回的信号，如图 5−21 所示。

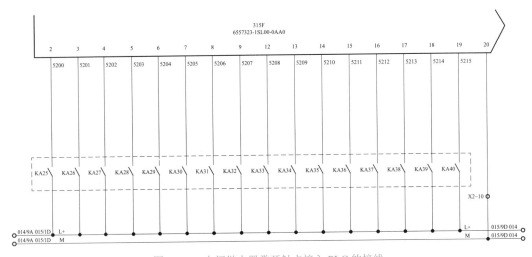

图 5−21   中间继电器常开触点接入 PLC 的接线

川崎机器人输出端 CN2 插头的接线图如图 5−22 所示。

附录7.0　外部输入输出信号的引脚布置

附录7.1　1GW/1HW板的引脚布置

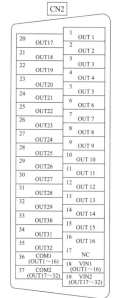

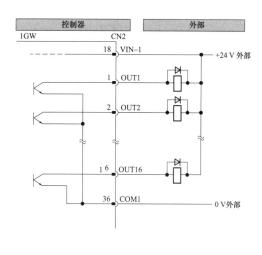

图5-22　川崎机器人输出端CN2插头的接线图

川崎机器人外部输入输出信号可以通过如下列表的信号编号和信号名称进行规定信号的作用，在编写及机器人程序时使用，如图5-23所示。

附录8.0　通用信号布置列表

输出信号		输入信号	
信号编号	信号名称	信号编号	信号名称
OUT 1	1		IN 1	1001	
OUT 2	2		IN 2	1002	
OUT 3	3		IN 3	1003	
OUT 4	4		IN 4	1004	
OUT 5	5		IN 5	1005	
OUT 6	6		IN 6	1006	
OUT 7	7		IN 7	1007	
OUT 8	8		IN 8	1008	
OUT 9	9		IN 9	1009	
OUT 10	10		IN 10	1010	
OUT 11	11		IN 11	1011	
OUT 12	12		IN 12	1012	
OUT 13	13		IN 13	1013	
OUT 14	14		IN 14	1014	
OUT 15	15		IN 15	1015	
OUT 16	16		IN 16	1016	

输出信号		输入信号	
信号编号	信号名称	信号编号	信号名称
OUT 17	17		IN 17	1017	
OUT 18	18		IN 18	1018	
OUT 19	19		IN 19	1019	
OUT 20	20		IN 20	1020	
OUT 21	21		IN 21	1021	
OUT 22	22		IN 22	1022	
OUT 23	23		IN 23	1023	
OUT 24	24		IN 24	1024	
OUT 25	25		IN 25	1025	
OUT 26	26		IN 26	1026	
OUT 27	27		IN 27	1027	
OUT 28	28		IN 28	1028	
OUT 29	29		IN 29	1029	
OUT 30	30		IN 30	1030	
OUT 31	31		IN 31	1031	
OUT 32	32		IN 32	1032	

图5-23　川崎机器人外部输入输出信号布置列表

在300PLC主程序编写控制程序时，可以与机器人的地址进行对应，提前将输入点功能进行定义。各输入地址的接线已经完成，具体的输入点作用如表5-11所示。

表 5-11　PLC 输入点地址分配及功能

序号	符号及功能	PLC 输入	类型	机器人发出信号	机器人输出 CN2 接线点
45	Home	I11.0	BOOL	SIGNAL1	1
46	Motor on	I11.1	BOOL	SIGNAL2	2
47	Teach mode	I11.2	BOOL	SIGNAL3	3
48	Robot error	I11.3	BOOL	SIGNAL4	4
49	Auto mode	I11.4	BOOL	SIGNAL5	5
50	CNC on 取件位置	I11.5	BOOL	SIGNAL6	6
51	CNC on 放件位置	I11.6	BOOL	SIGNAL7	7
52	Outside CNC	I11.7	BOOL	SIGNAL8	8
53	Beside detection	I12.0	BOOL	SIGNAL9	9
54	毛坯夹爪忙	I12.1	BOOL	SIGNAL10	10
55	成品夹爪忙	I12.2	BOOL	SIGNAL11	11
56	RB 取件完成	I12.3	BOOL	SIGNAL12	12
57	RB 放件完成	I12.4	BOOL	SIGNAL13	13
58	RB　INIT_OK	I12.5	BOOL	SIGNAL14	14
59	RB2 干涉 S1	I12.6	BOOL	SIGNAL15	15
60	RB2 干涉 S2	I12.7	BOOL	SIGNAL16	16

将输出点功能进行定义。各输出地址的接线已经完成，具体的输出点作用如表 5-12 所示。

表 5-12　PLC 输出点地址分配及功能

序号	符号及功能	PLC 输出	类型	机器人发出信号	机器人输入 CN4 接线点
153	Ext.power on	Q11.0	BOOL	SIG（1009）	I9
154	Ext.cycle start	Q11.1	BOOL	SIG（1010）	I10
155	Clamp init	Q11.2	BOOL	SIG（1011）	I11
156	线体取件	Q11.3	BOOL	SIG（1012）	I12
157	检测合格放件	Q11.4	BOOL	SIG（1013）	I13
158	车床取件 1	Q11.5	BOOL	SIG（1014）	I14
159	车床放件 1	Q11.6	BOOL	SIG（1015）	I15
160	卡盘开 2RB	Q11.7	BOOL	SIG（1016）	I16
161	Damage	Q12.0	BOOL	SIG（1017）	I17
162	CNCerror	Q12.1	BOOL	SIG（1018）	I18

序号	符号及功能	PLC 输出	类型	机器人发出信号	机器人输入 CN4 接线点
163	检测台放件	Q12.2	BOOL	SIG（1019）	I19
164	外部急停	Q12.3	BOOL	300_to_Robot	I20
165	卡盘闭 2RB	Q12.4	BOOL	卡盘闭 2RB	I21

5.2.2 川崎机器人示教及程序编写

5.2.2.1 川崎机器人信号配置

PLC 与川崎机器人硬件连接完成后，需要对机器人与 PLC 交互的主要信号进行定义设置。这样机器人才能按照定义的地址要求实现对对应的接收信号进行触发动作，以及按照定义要求反馈信号给 PLC，实现 PLC 对机器人的控制。

（1）根据 I/O 分配表对机器人信号进行分配定义，川崎机器人信号配置步骤如表 5-13 所示。相关信号可以参考此步骤进行添加和修改。

表 5-13　川崎机器人信号配置步骤

序号	操作	图示	说明
		专用输入信号设定	
1	按下 A，进入选择辅助功能	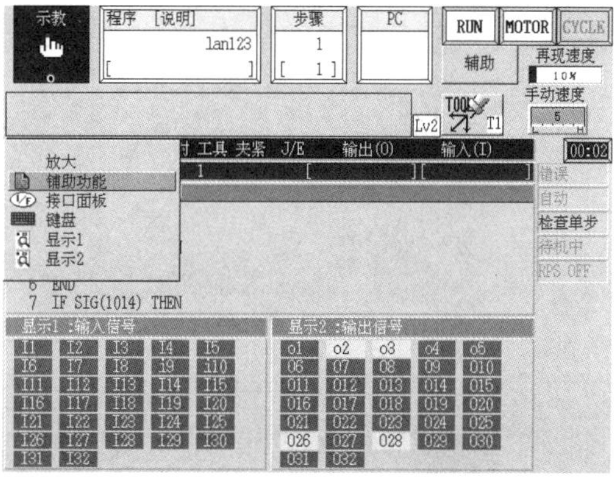	示教器面板进入
2	选择第 6 项	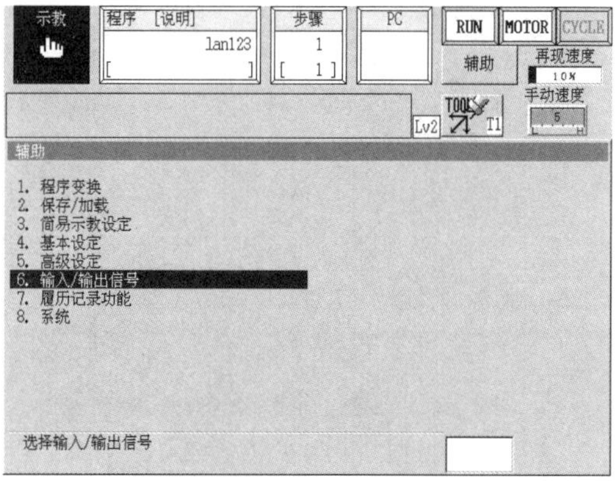	选择需要定义的选项

序号	操作	图示	说明
3	选择第 1 项，专用输入信号	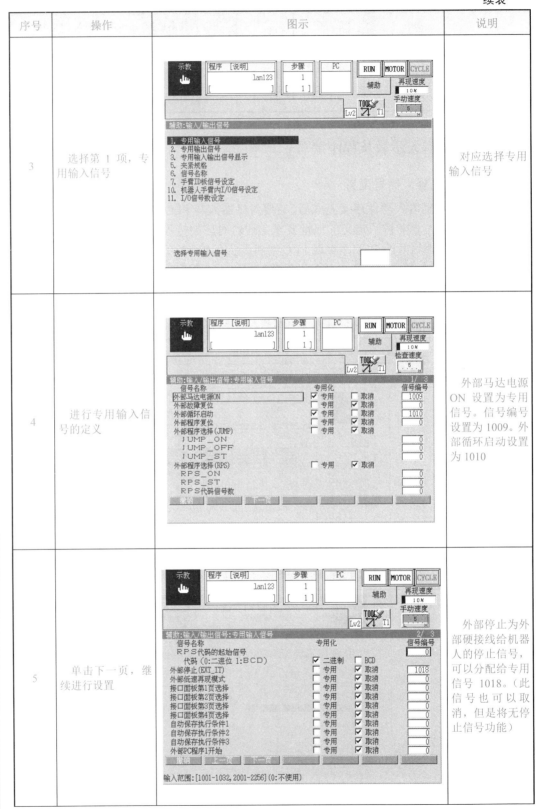	对应选择专用输入信号
4	进行专用输入信号的定义		外部马达电源ON 设置为专用信号。信号编号设置为 1009。外部循环启动设置为 1010
5	单击下一页，继续进行设置		外部停止为外部硬接线给机器人的停止信号，可以分配给专用信号 1018。（此信号也可以取消，但是将无停止信号功能）

序号	操作	图示	说明
		专用输出信号设定	
6	回到上级辅助菜单，选择第 2 项，专用输出信号	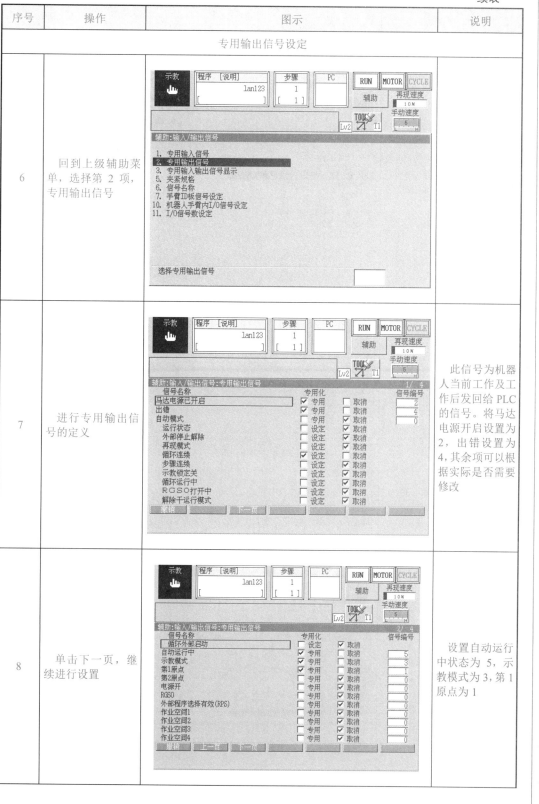	
7	进行专用输出信号的定义		此信号为机器人当前工作及工作后发回给 PLC 的信号。将马达电源开启设置为 2，出错设置为 4，其余项可以根据实际是否需要修改
8	单击下一页，继续进行设置		设置自动运行中状态为 5，示教模式为 3，第 1 原点为 1

序号	操作	图示	说明
		专用输入输出信号显示	
9	回到上级辅助菜单，选择第 3 项，查看设置后的信号显示	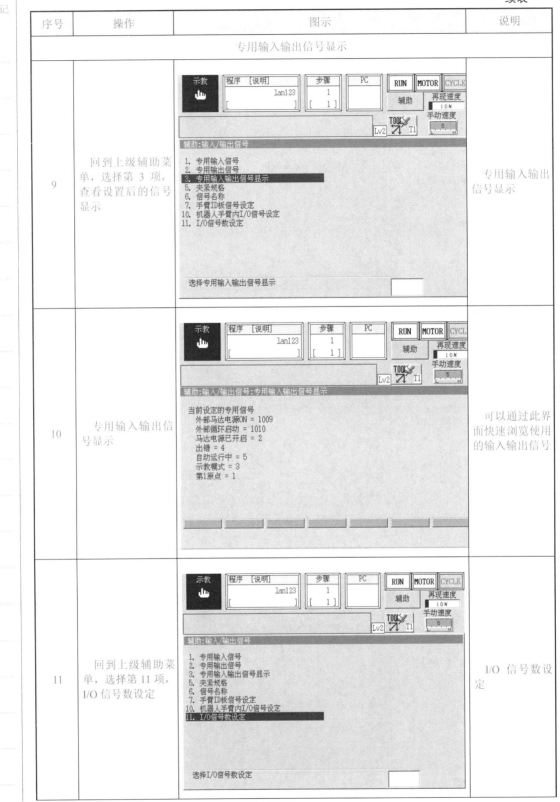	专用输入输出信号显示
10	专用输入输出信号显示		可以通过此界面快速浏览使用的输入输出信号
11	回到上级辅助菜单，选择第 11 项，I/O 信号数设定		I/O 信号数设定

序号	操作	图示	说明
12	回到上级辅助菜单，选择第 11 项，输入输出信号	示教 程序 [说明] lan123 步骤 1 [1] PC RUN MOTOR CYCLE 辅助 再现速度 10% 手动速度 5 TOOL Lv2 T1 辅助:输入/输出信号:信号名称:OX(输出信号) 1/2 信号编号 名称 信号编号 名称 [12] [i12.3] [13] [i12.4] [0] [ ] [0] [ ] ... 撤销 下一页 全清 输入范围:[0 - 32]	非专用的信号号，需要与 PLC 进行交互的信号可以在此设置。例如：需要输出给接线端子 i12.3 信号，作为外部调用程序选择使用，设置为 12 信号编号，对应程序中的 signal12
13	可以在此设定输入输出信号起始编号和数量	示教 程序 [说明] lan123 步骤 1 [1] PC RUN MOTOR CYCLE 辅助 再现速度 10% 手动速度 5 TOOL Lv2 T1 辅助:输入/输出信号:I/O信号数设定 外部输出信号数 32 外部输入信号数 32 内部信号数 256 撤销 输入范围:[0 - 960]	根据实际输入输出外接信号数量进行设定，内部信号范围可自行设定

（2）设定搬运夹具信号。机器人末端执行机构有两个夹爪，需要对其进行配置和定义，如图 5-24 所示。

图 5-24　夹爪实物

机器人末端执行机构的夹爪配置和定义步骤如表5-14所示。

表5-14　夹爪配置和定义步骤

序号	操作	图示	说明
		设定夹具信号	
1	回到上级辅助菜单，选择第5项，夹紧规格	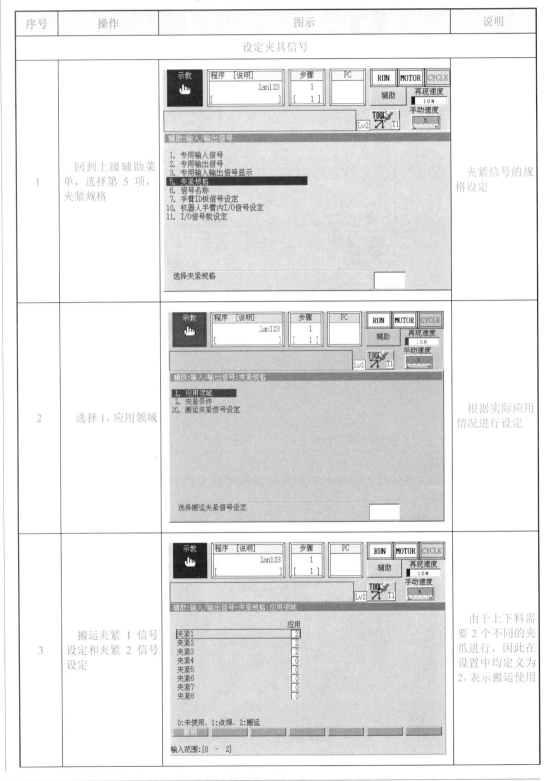	夹紧信号的规格设定
2	选择1，应用领域		根据实际应用情况进行设定
3	搬运夹紧1信号设定和夹紧2信号设定		由于上下料需要2个不同的夹爪进行，因此在设置中均定义为2，表示搬运使用

学习笔记

续表

<table>
<tr><th>序号</th><th>操作</th><th>图示</th><th>说明</th></tr>
<tr><td colspan="4">设定手臂 ID 板夹具信号</td></tr>
<tr><td>4</td><td>回到上级辅助菜单，选择第 7 项，手臂 ID 板信号设定</td><td>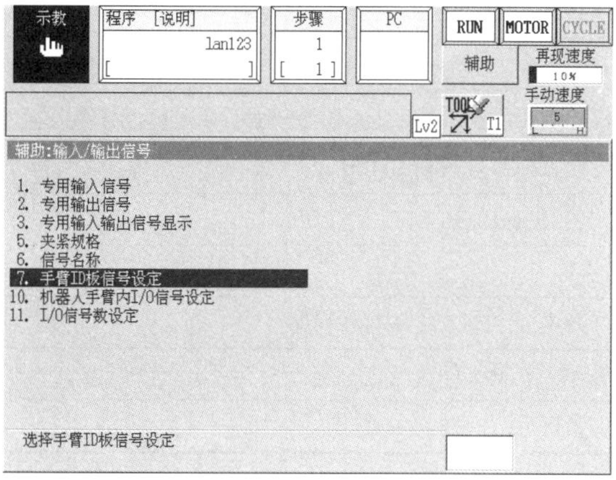
</td><td>机器人手臂上有控制夹爪的两个电磁阀，要对其地址进行定义</td></tr>
<tr><td>5</td><td>对输出信号进行设置，输出信号起始信号编号为 25，信号总数为 8 个</td><td>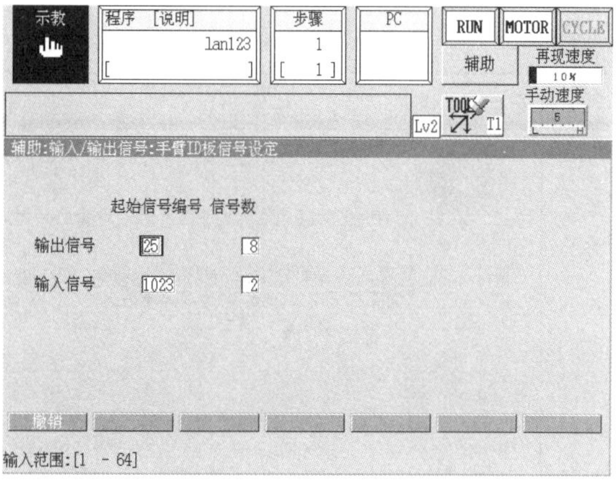
</td><td>此信号编号定义为从 25 开始的连续 8 个位作为信号定义使用</td></tr>
<tr><td>6</td><td>对两个夹紧信号进行定义</td><td>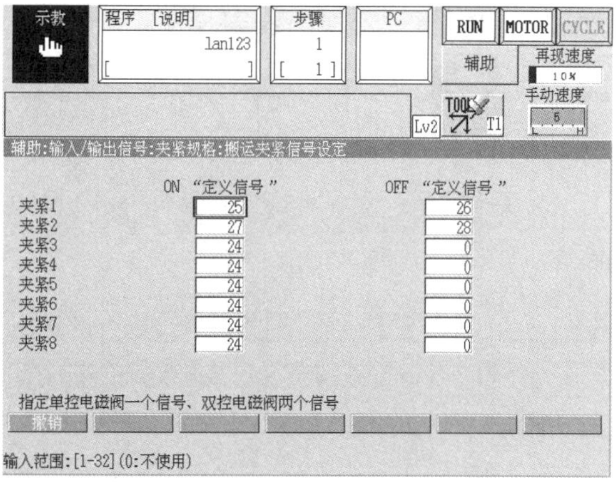
</td><td>上下料过程使用到 2 个夹爪，所以 25 号和 26 号为第一个夹爪的开闭信号。27 号和 28 号为第二个夹爪的开闭信号</td></tr>
</table>

5.2.2.2 川崎机器人上料程序编写

1. 机器人上料程序编写

根据 I/O 分配表对机器人进行编程，可参考表 5-15 动作流程进行。

表 5-15 参考动作流程

序号	动作流程
1	线体检测到托盘及工件
2	机器人接收到信号回到 HOME 点，然后进入线体取件程序
3	机器人到 HOME 点
4	夹爪打开
5	夹爪打开到位，进入线体取件程序
6	夹爪关闭，夹紧工件
7	夹爪夹紧到位，回到 HOME 点

川崎机器人程序由主程序和子程序构成，建立程序参考步骤如表 5-16 所示。

表 5-16 机器人程序编写步骤

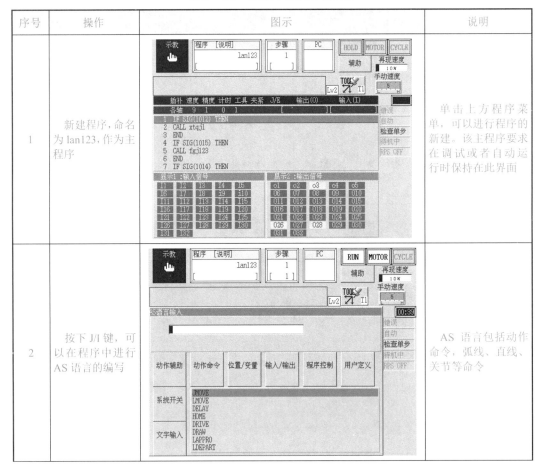

序号	操作	图示	说明
1	新建程序，命名为 lan123，作为主程序		单击上方程序菜单，可以进行程序的新建。该主程序要求在调试或者自动运行时保持在此界面
2	按下 J/I 键，可以在程序中进行 AS 语言的编写		AS 语言包括动作命令，弧线、直线、关节等命令

序号	操作	图示	说明
3	AS 语言中涉及的输入输出信号指令的编写	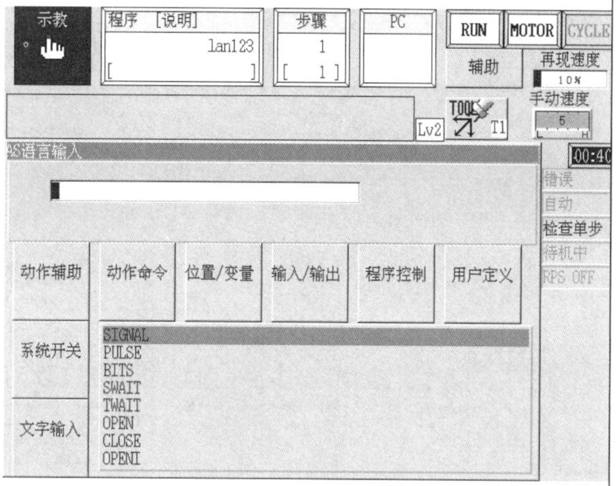	AS 语言输入输出信号的命令
4	AS 语言中涉及的程序控制指令的编写	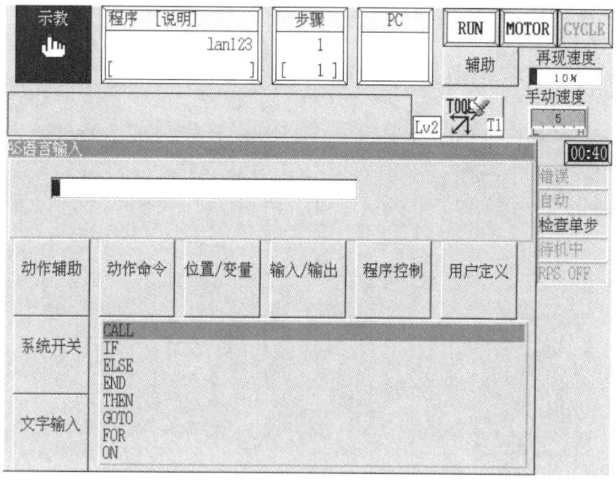	AS 语言程序控制的命令
5	进入程序,进行程序编程	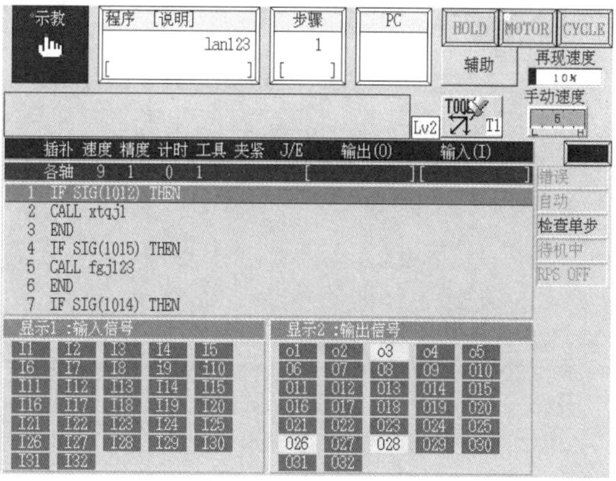	第一行语句为 AS 语言的条件判断语句,如果外部的 SIG (1012) 有输入信号,这时调用 xtqj1 子程序,执行线体取件程序。其余判断程序调用以此类推

学习笔记

序号	操作	图示	说明
6	AS 语言输入需要在示教器中对指令进行选择和写入	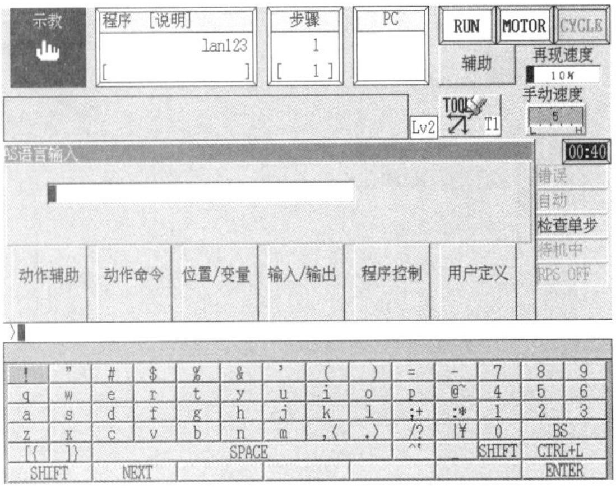	按照格式要求进行写入，完成后按回车键或者示教器中的 ENTER 键保存
7	建立子程序，步骤与建立主程序方法相同。建立 xtqj1 子程序	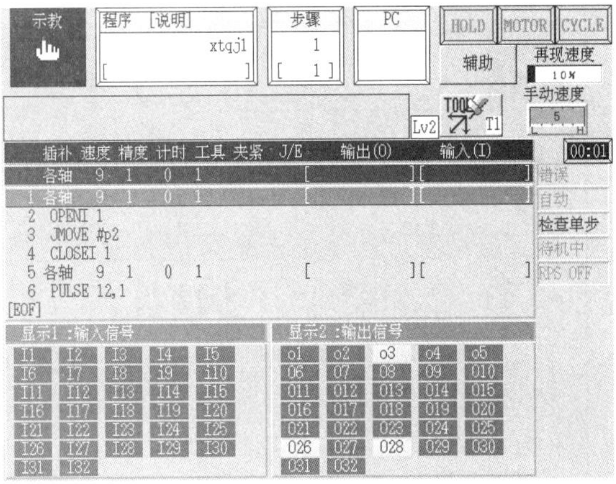	1. 子程序中编写机器人回原点 1 动作； 2. 打开 1 号夹爪 OPENI 1； 3. 然后运行到工件处，夹紧 1 号夹爪，CLOSEI 1； 4. 继续回到 HOME 点； 5. 给抓取完成信号至 PLC，PULSE 12，1
8	在示教器中选择程序按钮，可以查看当前主程序列表，并可以在此处修改程序	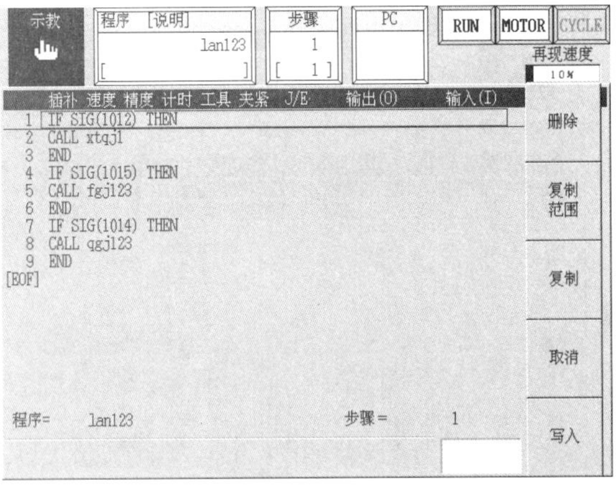	在此界面可进行修改程序、复制、删除等操作

最后可通过示教，逐步验证程序的正确性、安全性，之后才能进行自动运行。需要注意的是，主程序调用子程序等功能，是机器人自动实现的调用，在进行自动运行时，需要将当前需要的主程序显示在示教器页面，机器人自动运行时即以该页面开始运行。

5.2.3 PLC控制川崎机器人上料程序的编写

可通过地址输入输出 I/O 分配表进行程序编程，基本流程参考如下：

（1）数控机床和机器人都准备好进入待机状态后，300PLC 可以通过 M100.4 接收 400PLC 发来的启动信号，如图 5-25 所示。

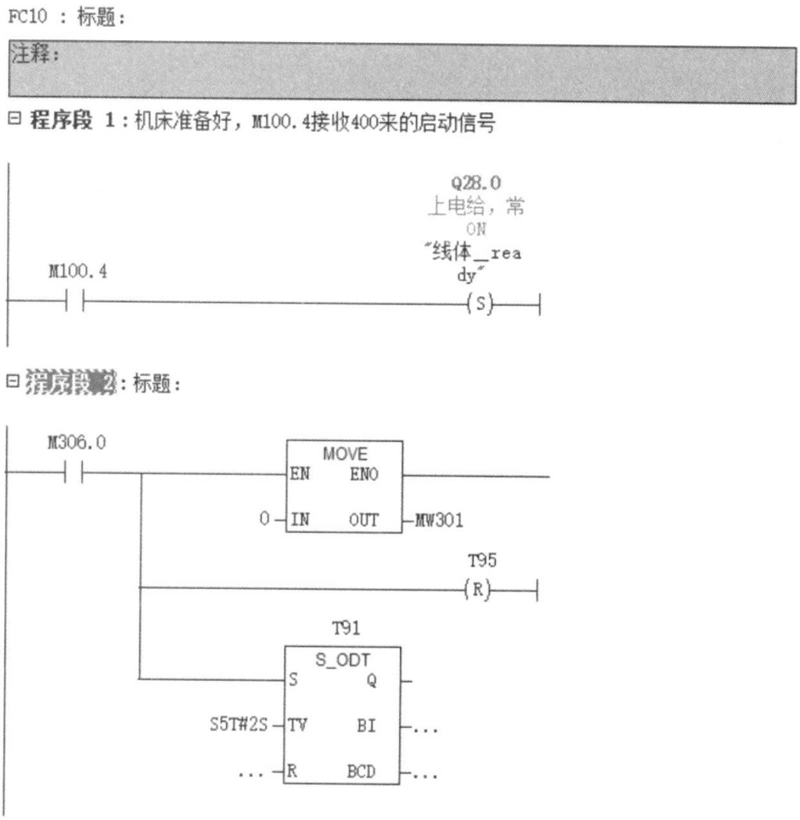

图 5-25　接收远程启动信号

（2）启动机器人。

川崎机器人要自动运行，硬件状态需要符合要求：

① 把控制柜自动和手动开关打到自动模式。

② 示教器切换至自动模式。

机器人软件控制需要逐一满足以下信号条件：

① 先给机器人使能上电，电机上电。

② 然后给循环启动信号。

③ 最后给启动程序运行的信号。

图 5-26 利用时间延时自动完成以上三个条件的顺序接通。

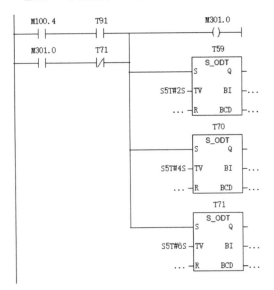

图 5－26　软件控制信号条件

（3）顺序启动机器人，最后自动进行线体取件。SIG1012 对应机器人定义的输入信号，机器人接收到该信号即可进入取件动作，从线体夹取挡圈至机器人 HOME 点待命，如图 5－27 所示。

▢ **程序段 5**：先启动机器人电机，上电

```
                                        Q11.0
                                        SIG(1009)
                                        "Ext.powr
          M301.0                          on"
     ─────┤ ├───────────────────────────( )──────
```

▢ **程序段 6**：然后循环启动开始

```
                                        Q11.1
                                        SIG(1010)
                                        "Ext.
                                        cycle
          T59                           start"
     ─────┤ ├───────────────────────────( )──────
```

▢ **程序段 7**：SIG(1012)　第1步线体取件

```
                                        Q11.3
                                        SIG(1012)
          T70                          "线体取件"
     ─────┤ ├───────────────────────────( )──────
```

图 5－27　线体取件程序

（4）取件完成打开机床门，然后卡盘闭合。

取件至 HOME 点后，机器人发回到位信号给 PLC，PLC 得到信号后给数控机床命

令其开门动作，然后卡盘闭合。机床门打开程序如图5-28所示。

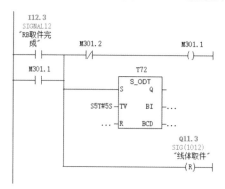

图5-28　机床门打开程序

（5）机器人机床放件。

机床门打开后，开门到位信号返回至 PLC，PLC 控制机器人进入放置工件至卡盘的动作。完成后自动返回机器人的 HOME 点。机器人机床放件程序如图5-29所示。

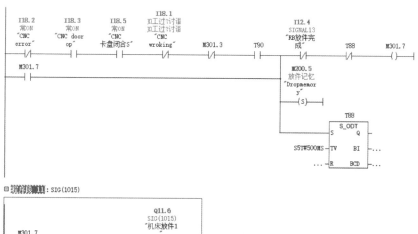

图5-29　机器人机床放件程序

（6）机床放工件后，进入关门。

机床接收到机器人放件完成信号后，自动进入关门程序，如图 5-30 所示。

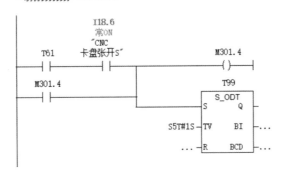

图 5-30　机器人关门程序

（7）机床加工程序。

自动进入关门程序后，检测到关门到位信号后，数控机床自动进入加工程序过程，如图 5-31 所示。

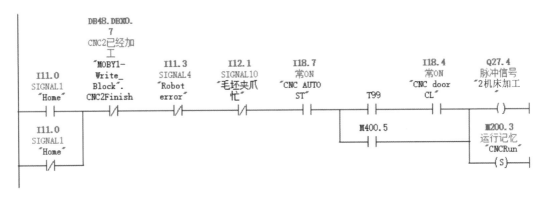

图 5-31　启动机床加工程序

（8）机床取件。

数控机床完成加工后自动将门打开，发送信号给 PLC，然后再控制机器人进入机床取件过程，将加工完成的工件取出后直接放回线体托盘中，如图 5-32 所示。

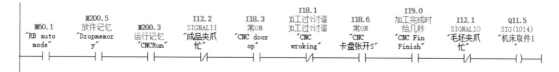

图 5-32 机床取件程序

（9）给线体放行信号。

机器人工件放完后自动回到 HOME 点，发回完成信号。PLC 此时给线体放行信号，如图 5-33 所示。（此部分在项目 2 线体挡停动作有放行介绍，可结合相关内容联调）

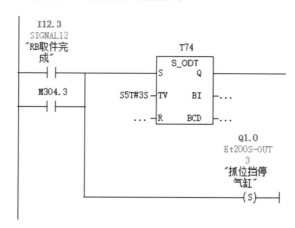

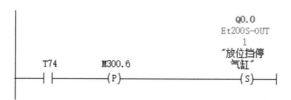

图 5-33 启动线体放行程序

（10）机床集中动作控制。

① 机床开门信号。数控机床门开信号由 1 为 0 时进行开门，如图 5-34 所示。

② 机床关门信号。数控机床门关信号由 0 为 1 时进行关门，如图 5-35 所示。

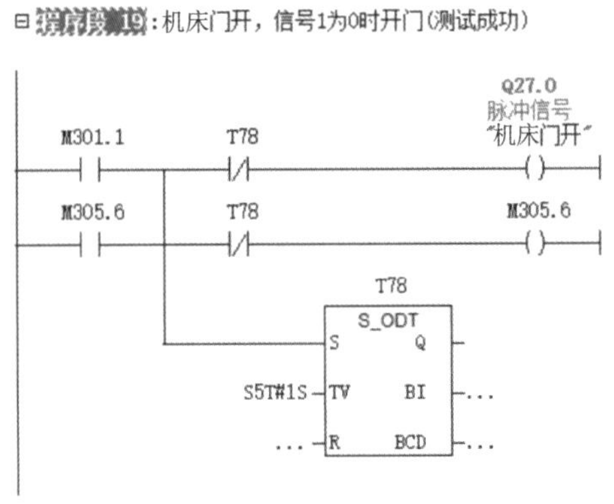

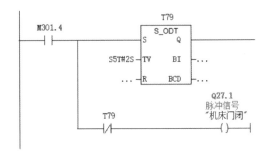

图 5-34　机床开门程序

程序段 20：机床门关(测试成功)

图 5-35　车床关门程序

③ 卡盘关闭和打开控制。数控机床卡盘关闭信号由 1 为 0 时进行关闭，卡盘开信号由 0 为 1 时进行打开，如图 5-36 所示。

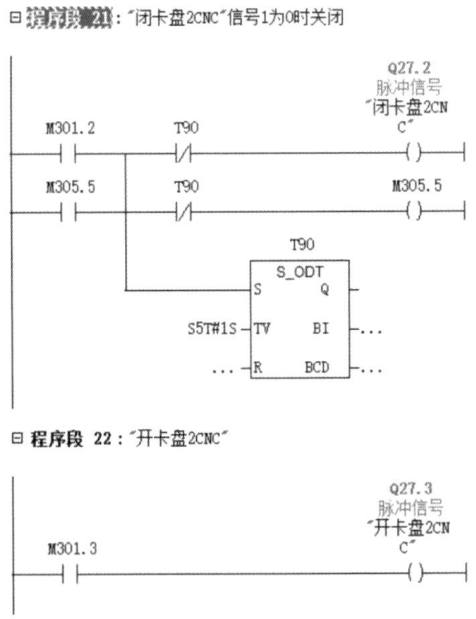

程序段 22："开卡盘2CNC"

图 5-36　卡盘关闭和打开程序

任务 5.3　系统调试：数控机床上下料控制系统功能调试

任务描述

需要对机器人哪一个地址位进行控制？PLC 通过哪个地址对机器人进行控制？
控制要求：

1. 根据动作流程编写数控机床 CNC2 加工完成后的取工件至线体的程序。
2. 数控机床 CNC1 工位的控制可参考 CNC2 工位进行编程控制，如表 5−17 所示。

表 5−17　动作流程表

序号	动作流程
1	工件加工完成
2	机器人接收到工件完成信号回到 HOME 点，然后进入工件取件程序
3	机器人到 HOME 点
4	夹爪闭合
5	夹爪闭合到位，进入机床取件程序
6	夹爪打开，撑开顶工件
7	夹爪打开到位，机器人回到 HOME 点
8	放工件到线体，然后夹爪闭合
9	夹爪闭合到位，机器人回到 HOME 点

学前准备

1. 川崎机器人编程操作手册；
2. STEP7 软件使用说明书；
3. 西门子 802D 数控系统使用手册。

学习目标

※　素质目标：

1. 培养安全作业能力及提高职业素养；
2. 培养较强的团队合作意识；
3. 养成规范的职业行为和习惯。

1. 能针对自动生产线的 CNC2 数控机床进行硬件及通信配置组态；
2. 能对自动生产线线体川崎机器人进行示教操作及上下料工艺编程；
3. 能依据自动生产线运行节拍进行线体 CNC2 区域工位的挡停，并与机器人上下料进行流程控制；
4. 能清楚 PLC 的程序结构，能够建立 PLC 主程序和机器人控制子程序；
5. 能够保存程序、能寻找不丢失；
6. 能建立、保存和删除川崎机器人工业机器人的程序、功能或者函数；
7. 能完成川崎机器人工具坐标系的标定并能根据控制要求选择合适的坐标系类型；
8. 能用川崎机器人示教器手动控制工业机器人的移动完成物料上下料的示教，并完成示教点的保存；
9. 能根据工艺要求，完成工业机器人程序编制，能对工业机器人进行自动上下料控制；
10. 能够根据工艺要求控制数控机床开门、关门、夹爪盘夹紧和放松、启动加工程序；
11. 能对上下料系统进行日常点检。

※ 能力目标：

1. 具有探究学习、终身学习、分析问题和解决问题的能力；
2. 具有良好的语言、文字表达能力和沟通能力；
3. 具有本专业必需的信息技术应用和维护能力；
4. 能熟练对工业机器人进行现场编程；
5. 能通过查表找出机器人与 PLC、数控机床与 PLC 的通信地址对应关系。

学习流程

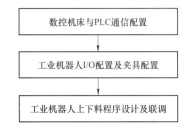

5.3.1　任务准备

5.3.1.1　工作着装准备

进行机器人工位作业时，全程必须按照要求穿着工装和电气绝缘鞋，正确穿戴安全帽，如图 5-37 所示。

劳保用品穿戴要求		安全穿戴示意图
	戴硬壳安全帽	
	穿长袖劳保衣裤	
	穿全包裹式鞋	

图 5-37　正确佩戴劳保用品

5.3.2　任务实施：数控机床上下料联调动作测试

5.3.2.1　数控机床与 PLC 通信配置

为了能够通过 PLC 对数控机床进行信号的控制，需要对数控系统信号的 I/O 进行配置，在进行程序联调控制时，需要配置数字信号。可依据预备知识查看发送和接收信号。数控机床发送信号至 PLC 地址表如表 5-18 所示。

表 5-18　数控机床发送信号至 PLC 地址表

序号	信号功能	PLC 接收信号	类型	数控机床 PLC 发送信号
1	CNC ready		BOOL	
2	CNC working		BOOL	
3	CNC error		BOOL	
4	CNC door op		BOOL	
5	CNC door CL		BOOL	
6	CNC 卡盘张开 S		BOOL	
7	CNC 卡盘闭合 S		BOOL	
8	CNC AUTO ST		BOOL	
9	CNC Fin Finish		BOOL	

PLC 各地址输出信号的配置及功能定义已经完成，具体的输出点作用如表 5-19 所示。

表 5-19　PLC 发送信号至数控机床地址表

序号	信号功能	PLC 发送信号	类型	数控机床 PLC 接收信号
1	机床门开		BOOL	
2	机床门闭		BOOL	
3	机床卡盘打开		BOOL	
4	机床卡盘关闭		BOOL	
5	机床加工		BOOL	

序号	信号功能	PLC 发送信号	类型	数控机床 PLC 接收信号
6	机床停止		BOOL	
7	机床复位		BOOL	
8	机床急停		BOOL	
9	线体__ready		BOOL	
10	线体__error		BOOL	
11	TO CNC auto mode		BOOL	

5.3.2.2　工业机器人 I/O 配置及夹具配置

为了能够通过 PLC 对机器人进行信号控制，需要对机器人系统信号的 I/O 配置，包括数字输入输出信号 DI 和 DO 的配置，还包括系统输入信号和系统输出信号；在机器人末端安装气动夹爪，连接气路和电路，并合理配置数字输出信号，可参考准备知识 2 进行配置。

根据 I/O 分配表对机器人进行编程，可参考表 5-20 所示流程进行。

表 5-20　参考动作流程

序号	动作流程
1	线体检测到托盘及工件
2	机器人接收到信号回到 HOME 点，然后进入线体取件程序
3	机器人到 HOME 点
4	夹爪打开
5	夹爪打开到位，进入线体取件程序
6	夹爪关闭，夹紧工件
7	夹爪夹紧到位，回到 HOME 点

5.3.2.3　工业机器人上下料程序设计及联调

步骤 1：CNC2 前线体挡停

CNC2 前线体两个位置的抓位挡停气缸和放位挡停气缸均伸出，当检测到有托盘进入 CNC2 工位区域时，在抓位挡停处对托盘进行挡停及抓位定位气缸夹紧动作，固定托盘并发回信号至 CNC2 的 PLC。（如果是空托盘，则单个放行）

步骤 2：川崎机器人取工件

PLC 给川崎机器人工件夹取信号，机器人自动进行工件抓取至机床安全门外，完成抓取动作后给 PLC 上抓取完成信号。

步骤 3：CNC 机床夹爪和安全门动作

（1）PLC 给 CNC1 开门信号，开门到位后将开门到位信号发回 PLC。

（2）PLC 给机器人放件信号进入放件程序，将工件放置卡盘处，卡盘夹紧工件，机器人打开夹爪回到 HOME 点。

（3）机床关门，关门到位信号发回 PLC。

步骤 4：CNC 机床加工

PLC 给数控机床加工信号，机床自动加工，完成后返回加工完成信号至 PLC。

步骤 5：川崎机器人取工件

（1）PLC 获取加工完成工件信号后，机器人进入机床进行取件并放置回线体托架上，放工件后回到 HOME 点，将完成信号发回 PLC。

（2）PLC 对抓位定位气缸及抓位挡停气缸进行缩回放行，放行后及时伸出阻挡后一托盘。

步骤 6：测试 PLC、机器人、数控机床的动作是否成功

操作步骤如下：

（1）示教器中机器人指针光标移至主程序打开，等待命令运行信号。

（2）在控制柜面板上通过钥匙将机器人切换至左侧的自动模式，之后在弹出的提示框中单击"确定"按钮。

（3）非单步执行状态。

以上步骤完成后，按下"启动"按钮，即可运行全部自动下料程序。

注意事项：

（1）必须保证工艺顺序的流程，信号节点一定要理顺，对应的程序要进行手动示教操作，轨迹没有问题后才能自动运行。

（2）机床门关门信号及加工信号等需要跟机器人进行互锁，保证机器人放件和取件时机床门和加工程序不能动作，以免引发危险。

（3）随时预备进行急停动作，避免意外事故发生。

5.3.3 任务评价

项目实施评分表见表 5-21。

表 5-21 项目实施评分表

序号	项目评分标准	自评分	教师评分	存在问题记录及分析
1	川崎机器人的参数设置是否正确（15 分）			
2	验证输入是否有信号（10 分）			
3	验证输出是否有信号（10 分）			
4	夹爪是否配置正确，夹紧松开功能是否正常（10 分）			
5	机器人程序结构是否合理（5 分）			
6	机器人搬运程序编写是否正确（10 分）			
7	数控机床与机器人的信息交互是否正确（10 分）			
8	与外部线体的信息交互是否正常（10 分）			
9	是否完成所有自动下料功能（10 分）			
10	职业素养（10 分）			
	总分（100 分）			

任务 5.4　运行维保：数控机床及川崎机器人日常点检

任务描述

上下料系统的日常点检是使用设备持续保持安全正常工作的必备环节。设备在使用前后需要进行班前和班后的日常点检。工业机器人进行维修和检查时，确认主电源已经关闭，按照点检流程逐一进行。

学前准备

1. 川崎机器人保养手册；
2. 数控机床保养手册；
3. 点检文件。

学习目标

※　素质目标：
1. 养成规范的职业行为和习惯；
2. 养成执行工作严谨、认真的过程细节。

※　知识目标：
1. 熟悉生产线设备日常保养的内容、方法和手段；
2. 能对机器人上下料工作站进行日常点检作业；
3. 能对数控机床进行日常点检作业。

※　能力目标：
1. 具有良好的语言、文字表达能力和沟通能力。
2. 具有本专业必需的信息技术应用和维护能力。

学习流程

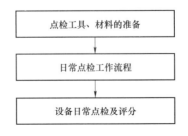

5.4.1 任务准备

5.4.1.1 点检工具、材料准备

点检所需要的日常工具和材料包括：

（1）清洁工具、材料：扫帚、铲子、刷子、棉纱、毛巾、清洁剂等。

（2）润滑工具：油壶、油枪。

（3）紧固工具：螺丝刀、活动扳手。

（4）个人防护用品：工作服、防水胶手套。

5.4.1.2 日常点检工作流程

日常点检工作主要是在班前和班后进行：检查、清扫、润滑、紧固。工业机器人进行维修和检查时，确认主电源已经关闭，按照以下流程进行点检：

（1）开机前的检查。

（2）填写设备点检表。

（3）班后设备清扫。

（4）设备润滑。

（5）设备紧固。

（6）工具归位（按"5S"定置）。

（7）填写设备交接班记录表。

设备日常维护工具如图5-38所示。

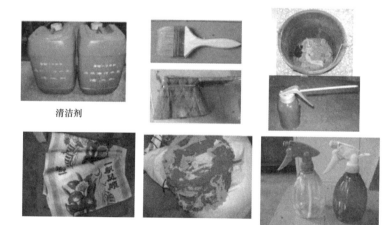

清洁剂

图5-38 设备日常维护工具

5.4.2 任务实施：数控机床日常点检作业

设备日常点检作业是指岗位生产人员（设备操作人员），每天根据设备日常点检标准书，对重要设备关键部位的声响、振动、温度、油压等运行状况，通过人的感官进行检查，并将检查结果记录在设备点检表中的工作。大部分点检内容通常班前按《设备日常点检作业标准》进行，如表5-22所示。

表 5-22 设备点检五感法内容

五感	检查部位	检查内容
眼看	润滑、液压	各仪表（包括电流、旋转、压力、温度和其他）的指示值以及指示灯的状态，将观察值与正常值对照
	冷却	油箱油量，管接头有无漏油、有无污染等
	磨损	水量，管接头有无漏水、有无变质等
	清洁	皮带松弛、龟裂，配线软管破损、焊接脱落
耳听	异响声	机床外表面有无脏物、生锈、掉漆等
		碰撞声：检查紧固部位螺栓松动、压缩机金属磨损情况
		金属声：检查齿轮咬合不良，联轴器轴套磨损，轴承润滑不良情况
		轰鸣声：检查电气部件磁铁接触不良，电动机缺相情况
		噪声
		断续声：轴承中混入异物
手摸	温度	电动机过载发热，润滑不良
	振动	往复运转设备的紧固螺栓松动，轴承磨耗、润滑不良、中心错位及旋转设备的不平衡；拧紧部位松弛
鼻闻嗅味	烧焦味	电动机、变压器等有无因过热或短路引起的火花，或绝缘材料被烧坏等
	臭味	线圈、电动机的烧损，电气配线的烧损
	异味	气体等有无泄漏

日常点检流程如图 5-39 所示。

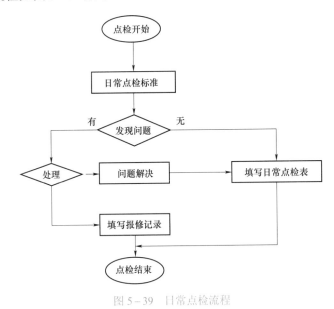

图 5-39 日常点检流程

设备正常的安全机构是保证人身安全的前提，安全机构检查应纳入日常点检范围内，机器人安全使用要遵循以下原则：不随意短接、不随意改造、不随意拆除、操作规范。

1. 机器人日常检查内容

（1）机器人紧急停止按钮的检查，包括控制柜急停开关和手持操作盒急停开关。

（2）安全门及门开关的检查。检查方法：机器人处于停止状态，控制柜模式开关处于 AUTO 位置，机器人没有显示任何报警信息。

（3）外部紧急停止开关的检查。检查方法：机器人处于停止状态，机器人没有显示任何报警信息，按下外部急停按钮。

2. 机器人工作站日常检查内容

机器人工作站日常检查包含机器人安全围栏、工装、水气等内容的检查，每天都应该进行设备的点检，内容如表 5-23 所示。

表 5-23 TPM 标准点检表——机器人设备

项目：机器人工位			操作者 A 班： B 班：	零件简称/图号： （ ）		日期：	
序号	系统	检查点		检查/维护内容	检查标准	A 班	B 班
1	机器人	夹爪	夹爪机械部分	断裂	夹爪无断裂、崩断		
			夹爪	夹紧	夹爪有效夹紧，无松动、晃动，无异响，各单元润滑良好		
			夹爪气路	气管	检查各快速接头、气管无老化、松动、漏气现象		
		本体	基座	螺栓	螺栓等连接紧固件无松动		
				电缆	电缆线无破损、连接处连接紧固		
			轴	螺栓	紧固牢靠、无松动		
				油嘴	密封好、无漏油		
		工作站	安全系统	安全门	在远控/在线模式下，打开安全门，机器人不工作		
				安全光栅	在作业工位遮挡安全光栅，机器人停止工作		
				急停按钮	按下急停按钮，在任何模式下机器人都停止工作		
2	工装	夹具		夹紧臂	夹紧放松动作顺畅		
				限位块	无松动，U 形槽内无飞溅，无磨损		
				气动元器件	无破损，功能正常		
				基准块	无焊接飞溅，无松动		
				定位销	无明显变形、损坏，无焊接飞溅，无松动、磨损		
				台面	无锈迹、飞溅等异物		

序号	系统	检查点	检查/维护内容	检查标准	A班	B班
3	水气	水气系统	水气管	摆放整齐，无漏水、漏气		
			系统压力	气压 0.5～0.7 MPa、循环水压力≥5.0 MPa		
			气水分离器	气水分离器内没有水		
4	签章	操作者签章		操作者对以上内容检查无误后，签字确认		
		项目负责机修签章		项目负责机修查看是否有需要维修的项目，并签章确认		
		班组长/技术员签章		项目负责技术员/班组长每周检查一次，并签章确认		
		备注：1. 点检标记："○"表示正常；"△"表示可以使用，但需要维修；"×"表示不能工作，维修解决，班组长跟踪；"⊗、⊘"表示已修复。 2. 本工位不适用的，在空白框内填"N/A"。 3. 机修、班组长、技术员检查操作者点检情况，并在相应的位置签字确认。 4. 每周检查的项目，在相应的空白框内填写点检标记，并填写检查者的姓名及日期。				

5.4.3 任务评价

按照设备日常点检表格进行逐项位置点检，根据机器人工作站点检项目实施评分表 5-24 进行评定。

表 5-24 机器人工作站点检项目实施评分表

序号	项目评分标准	分值	自评分	教师评分	存在问题记录及分析
1	工业机器人夹爪点检是否逐一完成	20			
2	工业机器人本体点检是否逐一完成	20			
3	工业机器人工作站本体夹具点检是否逐一完成	20			
4	工业机器人水气系统部分点检是否逐一完成	20			
5	线体基座及数控机床外观巡视	10			
6	职业素养	10			
	总分	100			

拓展任务：数控机床加工单元

学习目标

1. 掌握简单零件的数控编程；
2. 掌握数控机床的操作；
3. 掌握数控机床的零件自动加工。

项目描述

基于生产线上的数控机床要加工的套类零件（图 5-40），学习数控机床的操作和加工编程，实现零件自动加工。

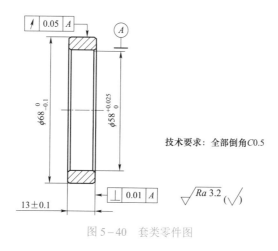

图 5-40　套类零件图

任务描述

结合数控机床上下料工作站的基本上下料功能，可以拓展工件的数控加工功能，在上下料的过程中机器人把工件从线体抓取至数控机床中，数控机床接着完成加工挡圈的功能。

学前准备

1. 数控机床编程操作手册；
2. STEP7 软件使用说明书。

学习目标

※ 素质目标：

1. 培养安全作业能力及提高职业素养；

2. 培养较强的团队合作意识；

3. 养成规范的职业行为和习惯。

※ 知识目标：

1. 能完成数控机床的主要信号配置；

2. 能够保存程序、能寻找不丢失；

3. 能根据工艺流程理解数控机床的加工流程；

4. 能完成数控机床的加工程序输入；

5. 能用 PLC 对数控机床进行程序的自动运行控制。

※ 能力目标：

1. 具有良好的语言、文字表达能力和沟通能力；

2. 能熟练对数控机床进行现场编程操作。

学习流程

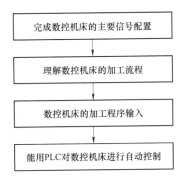

数控机床用于将放入的工件进行工件夹紧和放松，按照工艺流程进行程序编程，自动完成工件的加工，并实现机床安全门的打开和关闭。

5.5.1.1 任务准备：认识数控机床

生产线上的数控机床是 x 和 z 两轴联动的数控卧式机床，床身采用倾斜式结构，其数控系统是西门子 802D sl 数控系统。

数控卧式机床一般由机床本体、数控装置、伺服系统、辅助装置、程序载体和检测装置 6 部分组成，如图 5-41 所示。

1）机床本体

机床本体是数控车床的机械部件，包括床身、主轴箱、刀架、尾座、进给机构等，如图 5-42 所示。

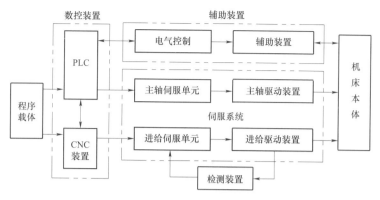

图 5-41　数控卧式机床组成结构

图 5-42　数控机床外观

数控机床本体包括主轴、溜板和刀架等。数控机床一般具有两轴联动功能，z 轴是与主轴方向平行的运动轴，x 轴是在水平面内与主轴方向垂直的运动轴。图 5-43 所示为数控机床内部结构。

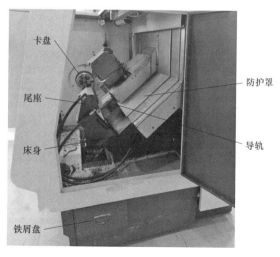

图 5-43　数控机床内部结构

2）数控装置

CNC 数控装置作为控制部分是数控机床的控制核心，通过控制伺服系统使机床按预定的轨迹运动，其主体是一台计算机。生产线机床数控系统是西门子 802D sl 数控系统，如图 5-44 所示。

图 5-44　西门子 802D sl 数控系统面板

3）伺服系统

伺服系统是数控系统的执行部分，包括主运动（切削运动）和进给运动，它是由伺服电动机、驱动单元、检测装置与反馈装置等组成的。数控装置发出的指令信号与位置反馈信号比较后作为位移指令，再经过驱动单元的功率放大后，驱动电动机运转，通过机械传动装置带动工作台或刀架运动。进给运动控制关系如图 5-45 所示。

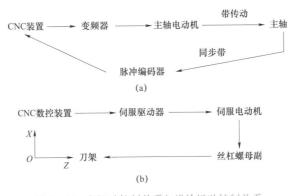

图 5-45　主运动控制关系与进给运动控制关系

数控机床电控柜及伺服驱动系统如图 5-46 所示。

图 5-46　数控车床电控柜及伺服驱动系统

　　数控机床的床身结构和导轨有多种形式，主要有水平床身、倾斜床身、水平床身斜滑鞍等。中小规格的数控机床采用倾斜床身和水平床身斜滑鞍较多。倾斜床身多采用 30°、45°、60°、75° 和 90° 角，常用的有 45°、60° 和 75° 角。大型数控机床和小型精密数控机床采用水平床身较多。伺服电动机在数控机床中的位置如图 5-47 所示。x 轴伺服电动机安装位置如图 5-48 所示。

图 5-47　伺服电动机在数控机床中的位置

　　主轴部件是主运动的执行部件，它夹持刀具或工件，并带动其旋转。主轴的部件包括主轴、主轴的支承以及安装在主轴上的传动部件和速度反馈装置。

图 5-48　x轴伺服电动机安装位置

4）辅助装置

辅助装置是指数控机床的一些配套部件，包括液压、气动装置及冷却系统、润滑系统和排屑装置等，如图 5-49 所示。

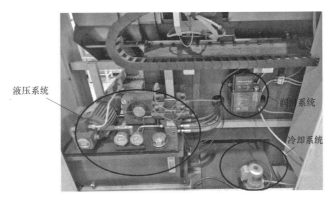

图 5-49　辅助装置

5）程序载体

程序载体是用于存取零件加工程序的装置，可将加工程序以特殊的格式和代码存储在载体上，常用的有磁带、磁盘、硬盘、内存卡等。

6）检测装置

检测与反馈装置的作用：将机床的执行部件的位移量、移动速度等参数检测出来。常用的位移检测元件有脉冲编码器、旋转变压器、感应同步器、光栅及磁栅等。脉冲编码器安装位置如图 5-50 所示。

图 5-50　脉冲编码器安装位置

5.5.1.2　数控车床加工准备

1. 通电调试

按照接线图将电源、电机插头插好，并将功放开关置于断开位置，接通系统电源开关。

电源接通后，数控单元应正常工作，此时应检查轴流风机运转情况，严禁在风机停转情况下工作。

将功放开关置于接通位置，用手动方式检查驱动工作是否正常。

按照程序输入步骤试输入零件加工程序，检查各功能，正常后方可联机调试。

2. 使用中的注意事项

（1）调试时若发现电机转动方向与所设定的方向相反，可通过调向开关改变方向。

（2）系统对功率器件的参数要求较高，不得随意用其他型号代替。

（3）严禁在通电状态下插、拔芯片，用手触摸芯片。

（4）若在维修时必须进行焊接，则应先切断系统所有电源，并分离计算机与外部连接的所有接插件。此外，若在计算机上进行焊接还应利用烙铁余热焊接，以防损坏计算机器件。

（5）系统通电后，如果在较长时间内不运行，应将功放开关置于断开位置，避免长时间锁定某一相，以减少功率器件的损耗和电源损耗。

（6）系统电源切断后，必须等待 30 s 以上方可再次接通。不允许连续开、关电源，否则会使计算机当前工作状态不正常，影响使用，并可能损坏元器件。

（7）务必请将系统置于较为清洁的环境中使用。如果现场环境较为恶劣（铁屑、粉尘较多），用户可酌情自行在系统进出风口加设过滤海绵。

3. 后备电池

数控单元在断电后由后备电池为计算机中零件加工程序存储器 RAM 芯片供电，以保存用户零件的加工程序。

更换电池应在计算机通电状态下进行，以免丢失零件程序。

更换电池时，注意"＋""－"极性，切勿接反。将插头插上后，请用内阻较高的万用表测量计算机上的电池插座的电压。正常电池电压参考值：4.5～4.8 V。

机床总电源位置如图 5-51 所示。

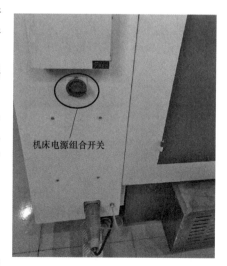

图 5-51　机床总电源位置

5.5.1.3　数控机床加工实施

1. 加工准备

生产线上的数控机床是 x 和 z 两轴联动的数控卧式车床，装配西门子 802D sl 数控系统。自动上下料机械手使用川崎机器人进行线体与机床的工件搬运工作，如图 5-52 所示。

图 5-52　上下料机器人

车刀的工作部分就是产生和处理切屑的部分，包括刀刃、使切屑断碎或卷拢的结构、排屑或容储切屑的空间、切削液的通道等结构要素。使用时装夹到数控车床刀架上的外圆和端面车刀如图 5-53 所示。内孔车刀如图 5-54 所示。

图 5-53　外圆和端面车刀

图 5-54　内孔车刀

图 5-55　挡圈毛坯工件

毛坯工件准备，毛坯工件为装载机的挡圈零件，加工时装夹于主轴夹盘中，如图 5-55 所示。

5.5.1.4　数控机床加工流程与操作

根据零件加工要求和生产线特点，毛坯经过两台数控机床分别加工不同部位而成品。每台机床加工流程如下：

首先启动数控机床，刀架回参考点，打开加工程序，选择自动加工模式。然后重复以下流程：

机床门打开，机械手从线上夹持毛坯送至卡盘夹位，液压卡盘夹紧毛坯，机械手退出后机床门关闭，自动加工循环启动，加工完成后机床门打开，机械手夹稳工件，液压卡盘松开，机械手夹持工件送线上。

数控机床的操作规程：操作规程是保证数控机床安全运行的重要措施，操作者必须按操作规程的要求进行操作，以避免发生人身、设备、刀具等的安全事故。要明确规定开机、关机的顺序和注意事项，例如开机后首先要回机床零点。在机床正常运行时不允许开关电气柜门，禁止按"急停"和"复位"按钮，不得随意修改参数。为此，数控机床的安全操作规程如下：

1. 操作前的安全操作

（1）开机前，检查机床的润滑状况。

（2）检查 x、z 轴行程开关，回零挡铁是否牢固，并注意机床刀架停放位置。

（3）装夹工件时应尽可能地使工件与主轴同心，装夹偏心件时注意中心高的位置。每新装一把刀都要对中心，并保持装夹时刀杆的清洁，装夹件、刀具时力量适中。

（4）零件加工前，一定要先检查机床的正常运行。

（5）在操作机床前，请仔细检查输入的数据，以免引起误操作。

（6）当使用刀具补偿时，请仔细检查补偿方向与补偿量。

（7）CNC 的参数是机床厂设置的，通常不需要修改，如果必须修改参数，在修改前请确保对参数有深入全面的了解。

（8）机床通电后，CNC 装置沿未出现位置显示或报警画面时，请不要碰 MCP 面板上的任何键，MCP 上的有些键专门用于维护和特殊操作。

（9）首件编程加工时，最好按低进给试切削的步骤来进行，对于容易出问题的地方，最好能用单步的工作方式来进行，以减小不必要的错误。

（10）机床导轨面上和拖板上禁止放置扳手、夹具、量具和工件等。

2. 机床操作过程中的安全操作

（1）手动操作。当手动操作机床时，要确定刀具和工件的当前位置并保证正确指定了运动轴、方向和进给速度。

（2）手动返回参考点。机床通电后，请务必执行手动返回参考点。

（3）工作坐标系。用程序控制机床前，请先确认工作坐标系。

（4）自动运行。机床在自动执行程序时，操作人员不得撤离岗位，要密切注意机床、刀具的工作状况，根据实际加工情况调整加工参数。一旦发现意外情况，应立即停止机床动作。

3. 与编程相关的安全操作

（1）坐标系设置正确。

（2）刀具补偿功能。在补偿功能模式下，发生基于机床坐标系的运动命令或参考点返回命令，补偿就会暂时取消，这可能会导致机床不可预想的运动。

4. 关机时的注意事项

（1）确认工件已加工完毕。

（2）确认机床的全部运动均已完成。

（3）检查工作台面是否远离行程开关。

（4）检查刀具是否已取下、主轴锥孔内是否已清洁并涂上油脂。

（5）检查工作台面是否已清洁。

（6）关机时要求先关系统电源，再关机床总电源。

西门子 802D sl 数控系统的控制面板由 4 部分组成：机床控制面板、CNC 键盘键、显示屏和功能软键，其实物如图 5-56 所示。

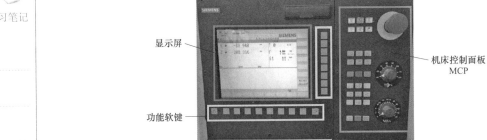

显示屏

功能软键

CNC键盘键

机床控制面板 MCP

机床电源开关

手轮

图 5-56　西门子 802D sl 数控系统的控制面板

5.5.1.5　数控机床控制面板

802D sl 机床控制面板的按键布局及操作按键功能如图 5-57 所示。

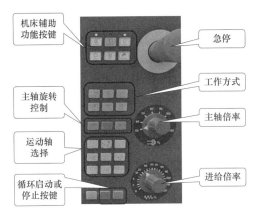

机床辅助功能按键

主轴旋转控制

运动轴选择

循环启动或停止按键

急停

工作方式

主轴倍率

进给倍率

图 5-57　按键布局及操作按键功能

机床控制面板也称 MCP，各按键说明见表 5-25。

表 5-25　控制面板按键功能表

序号	按键		说明
1	工作方式	Auto	自动工作方式：自动连续加工工件；模拟加工工件
2		Jog	手动工作方式：通过机床操作键可手动换刀，手动移动机床各轴，手动松紧卡爪，伸缩尾座，主轴正反转
3		Ref Point	回零工作方式：手动返回参考点，建立机床坐标系（机床开机后应首先进行回参考点操作）
4		MDA	在 MDA 模式下运行指令

序号	按键	说明
5		自动、单段工作方式下有效。按下该键后，机床可进行自动加工或模拟加工。注意自动加工前应对刀正确
6		自动加工过程中，按下该键后，机床上刀具相对工件的进给运动停止。再按下"循环启动"键后，继续运行下面的进给运动
7	Reset	复位
8	GATE	按下该键，关门；再按下该键，开门
9	MAG	换刀
10	CHUCK	按下该键，卡盘夹紧；再按下该键，卡盘松开
11	LIGHT	按下该键，机床灯开；再按下该键，则机床灯关
12		按下该键后，主轴停止旋转
13		手动、手摇工作方式下，按下"主轴正转"按键（指示灯亮），主轴电动机以机床参数设定的转速正转，直到按压"主轴停止"按键
14		主轴速度倍率修调： 旋转主轴修调波段开关，倍率的范围为50%～120%
15		进给速度倍率修调： 在自动方式或MDI运行方式下，当F代码编程的进给速度偏高或偏低时，可旋转进给修调波段开关，修调程序中编制的进给速度，修调范围为0～120%
16		急停按钮
17	+X -Z Rapid +Z -X	手动、增量和回零工作方式下有效。 手动工作方式下，确定机床移动的轴和方向。通过该类按键，可手动控制刀具或工作台移动。移动速度由系统最大加工速度和进给速度修调按键确定。 回零工作方式下，确定回参考点的轴和方向

学习笔记

序号	按键	说明
18	电源开 Power On	电源开
19	电源关 Power Off	电源关

5.5.1.6 操作区域

CNC 全键盘（纵向格式）的按键布局如图 5－58 所示，含义如表 5－26 所示。

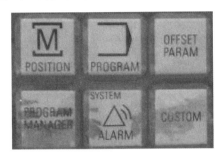

图 5－58 机床加工按键

表 5－26 机床加工控制面板功能表

序号	按键	说明
1	POSITION	加工，机床操作
2	PROGRAM	创建零件程序
3	PROGRAM MANAGER	程序管理器，零件程序目录
4	◄ ► ▲ ▼	移动光标

5.5.1.7 车床基本操作

（1）开机、关机、急停、复位、返回机床参考点，可查看机床控制面板基本按钮功能表，如表 5-27 所示。

表 5-27　机床控制面板基本按钮功能表

序号	操作内容	操作步骤
1	开机操作	按下 → 急停 → 组合开关 → 按下 → 电源开关（右旋松开）→ 急停 → 复位 Reset
2	关机操作	按下 → 急停 → 按下 → 电源开关 → 组合开关
3	急停、复位	危险或紧急时按下 → 急停 → 解除危险后右旋打开
4	手动返回机床参考点	按下 Ref Point → 按轴手动按键 +Z 或 +X

（2）选择加工程序。如果已经编写好了数控加工程序，可以通过选择加工程序直接悬着程序来进行零件的加工。按下程序管理器 PROGRAM MANAGER，进入零件程序目录，移动光标到加工程序，例如图 5-59 的 LX1.MPF。

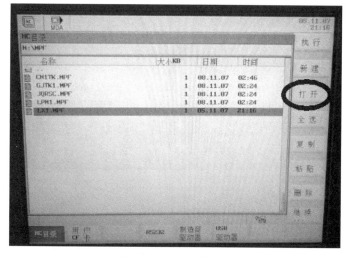

图 5-59　加工程序面板

按屏上的"打开"按键,进入加工程序界面。

检查程序正确(确保是已经手动低速运行过的程序),按"执行"按键,如图 5 - 60 所示。

图 5 - 60

(3)程序自动运行。选择完加工程序后,按下 ,进入自动工作方式。按下 ，屏幕显示加工区域状态。

按下 键后,机床可进行自动加工,如图 5 - 61 所示。注意自动加工前应对刀正确。

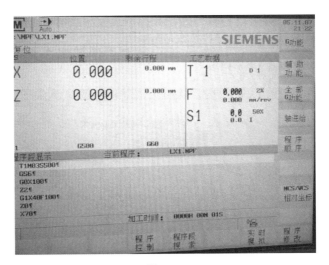

图 5 - 61

1. 填空题

（1）在 CNC2 工位的 PLC 与数控机床是通过_____方式来进行通信的。

（2）在 CNC2 工位的 PLC 与数控机床的地址分别为_____和_____。PLC 的通信速率是_____。数控机床的通信速率是_____。

（3）数控机床发送信号 Q18.3 至 PLC 地址的_____，功能是_____。

（4）PLC 发送信号 Q8.7 至数控机床的_____，功能是_____。

（5）在 CNC2 工位的 PLC 与川崎机器人是通过_____方式来进行通信的。

（6）在 CNC2 工位的数控机床与川崎机器人是通过_____方式来进行通信的。

（7）DP/PA Coupler 是用来实现_____功能的。

（8）进入 802D sl 数控机床的系统设置及诊断页面，需要同时按下_____和_____按钮。

（9）川崎机器人的 CN2 插头是用于_____与外部 PLC 的_____连接的。

（10）川崎机器人的 CN4 插头是用于_____与外部 PLC 的_____连接的。

（11）300PLC 与机器人的控制中，机器人发出信号_____与 PLC_____进行连接，功能作用为 Motor on（电机上电）。

（12）300PLC 与机器人的控制中，PLC 发出信号_____与机器人_____进行连接，功能作用为线体取件。

（13）川崎机器人的专用输入输出信号显示用于_____。

（14）川崎机器人的夹爪控制，除需要配置夹爪规格外，还需要对川崎机器人的_____进行配置。

（15）川崎机器人的夹爪信号定义，夹紧 2 的信号为_____和_____。

（16）川崎机器人的程序自动运行页面，需要在_____模式时显示在当前页面。

（17）数控机床的开门信号，由_____变为_____时信号有效。

（18）数控机床的卡盘关闭信号，由_____变为_____时信号有效。

（19）数控机床的关门信号，由_____变为_____时信号有效。

（20）数控机床的卡盘打开信号，由_____变为_____时信号有效。

2. 简答题

（1）简述自动生产线线体 CNC2 数控机床与 PLC 通信需要哪些步骤，如何设置。

（2）简述 PLC 与川崎机器人的连接信号对应关系，有什么作用。

（3）简述川崎机器人上下料工作与数控机床是如何进行顺序控制的。

（4）简述工位中自动生产线挡停部分与搬运控制系统设计流程思路。

项目6 生产线的工业互联网络组建

项目引入

工业互联网是全球工业系统与高级计算、分析、感应技术以及互联网连接融合的一种结果。工业互联网的本质是通过开放的、全球化的工业级网络平台把设备、生产线、工厂、供应商、产品和客户紧密地连接和融合起来，高效共享工业经济中的各种要素资源，从而通过自动化、智能化的生产方式降低成本、增加效率，帮助制造业延长产业链，推动制造业转型发展。

工业网络的兴起和发展将会推动传统制造业转型升级，驱动产业变革，助力我国向工业化强国迈进。工业互联网领域需要具备集信息技术、工业知识、制造技能于一体的技术知识，来适应智能、数字驱动的工业新环境，以下是工业互联网的重点学习知识：工业现场设备的使用知识，包括工具、仪表、平台的操作标准和技术标准；掌握设备平台运营与使用的技能，包括设备装调、组网、网络及平台运营、监控和故障排除等技能；掌握工业互联网实践所必需的知识，包括远程设备调控、设备协同作业、现场辅助装备、工件质检、生产现场检测等。自动线示意图如图6-1所示。

图6-1 自动线示意图

本项目基于整条产线各个单元功能完成后，为了协调自动生产线整线运行控制，需要各个工位都具备区域功能，由主控S7-400PLC通过通信协调工序流程，实现对整条线体从毛坯上下料、机床加工等工序的流程控制，以及针对后续上位机 HMI 设备、MES 的连接，重点进行构建设备互联，最后实现智能制造自动线的综合联调。本项目在课程中的位置如图6-2所示。

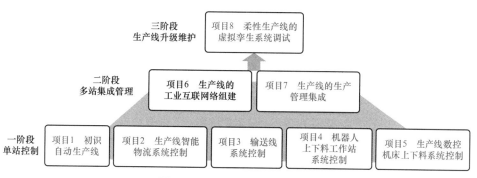

图 6-2　本项目在课程中的位置

项目学习目标

※ 素质目标：

1. 培养深厚的爱国情感和民族自豪感；
2. 培养合作精神，树立竞争意识，协调局部与整体的关系能力；
3. 培养安全作业能力及提高职业素养；
4. 养成规范的职业行为和习惯；
5. 养成执行工作严谨、认真的过程细节。

※ 知识目标：

1. 能针对自动生产线加工工艺工序进行线体的网络配置组态；
2. 能针对自动生产线加工工艺工序进行线体的运行控制；
3. 能对 PLC 进行网络组态，能掌握 SFB15 和 SFB14 实现 400PLC 与 300PLC 的 S7 通信；
4. 能对生产线 IP 地址配置及 PROFINET 网络地址设置，能够理解通信网络中的信号发送和接收的地址查看；
5. 能清楚 PLC 的程序结构，能够查看各个站 PLC 主程序和控制子程序；
6. 能够保存程序、能寻找不丢失；
7. 能对上下料系统进行日常点检。

※ 能力目标：

1. 具有探究学习、终身学习、分析问题和解决问题的能力；
2. 具有良好的语言、文字表达能力和沟通能力；
3. 具有本专业必需的信息技术应用和维护能力；
4. 具备对工业网络通信进行查看及使用的能力。

学习任务

任务 1　技术准备：自动生产线工业网络通信配置
任务 2　系统调试 1：生产线运行联调
任务 3　系统调试 2：生产线 HMI 设计调试

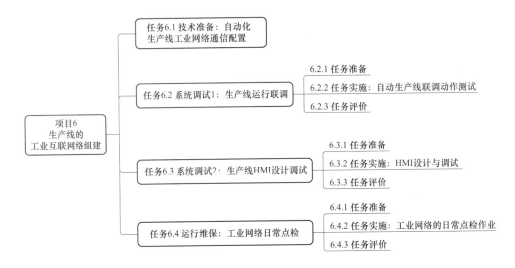

任务4 运行维保：工业网络日常点检

依托企业项目载体：柳州工程机械股份有限公司装载机挡圈零部件加工生产线。

学习导图 NEWS

- 项目6 生产线的工业互联网络组建
  - 任务6.1 技术准备：自动化生产线工业网络通信配置
  - 任务6.2 系统调试1：生产线运行联调
    - 6.2.1 任务准备
    - 6.2.2 任务实施：自动生产线联调动作测试
    - 6.2.3 任务评价
  - 任务6.3 系统调试2：生产线HMI设计调试
    - 6.3.1 任务准备
    - 6.3.2 任务实施：HMI设计与调试
    - 6.3.3 任务评价
  - 任务6.4 运行维保：工业网络日常点检
    - 6.4.1 任务准备
    - 6.4.2 任务实施：工业网络的日常点检作业
    - 6.4.3 任务评价

标准链接

★项目技能对应的职业证书标准、对接比赛技能点以及其他相关参考标准如表6-1~表6-3所示。

表6-1 对应1+X证书标准

序号	对标1+X证书	扫描二维码查看
1	1+X证书"智能制造生产线集成应用职业技能等级标准"（2021年版）	
2	1+X证书"智能制造单元集成应用职业技能等级标准"（2021年版）	

表6-2 对接比赛技能点

序号	全国职业技能大赛	对应比赛技能点内容
1	2022年全国职业技能大赛 GZ-2022021"工业机器人技术应用"赛项规程及指南	任务二 主控系统电路设计及接线 1）主控系统单元； 2）以太网交换机
2	2022年全国职业技能大赛 GZ-2022018"机器人系统集成"赛项规程及指南	任务一 系统方案设计（4%） 任务四 机器人系统集成（20%）

表 6-3　其他相关参考标准

序号	标准及规范	编码
1	可编程控制系统设计师国家职业标准	职业编码 X2-02-13-10
2	电工国家职业标准	职业编码 6-07-06-05
3	工业通信网络 现场总线规范 类型 IO：PROFINET-IO 规范　第 3 部分：PROFINET-IO	通信行规 GB/Z 25105.3—2010
4	基于 PROFIBUS-DP 和 PROFINET-IO 的功能	安全通信行规-PROFIsafe GB/Z 20830-2007

任务 6.1　技术准备：自动化生产线工业网络通信配置

任务描述

　　自动生产线整线联调，需要生产线中的各个区域工位均已经完成工位的调试后，再由主控系统上位机进行联调信号的统一协调发送，通过通信进行生产线工艺流程的整体控制。自动生产线的集中控制命令由上位机发送，同时也可以从触摸屏进行控制，如图 6-3 所示。

图 6-3　HMI 及 MES 站

学前准备

　　1. 西门子 PROFIBUS-DP 使用手册；
　　2. STEP7 软件使用说明书；
　　3. 西门子 PROFINET 使用手册。

学习目标

　　※　素质目标：
　　1. 培养深厚的爱国情感和民族自豪感；
　　2. 培养合作精神，树立竞争意识，协调局部与整体的关系能力；
　　3. 培养安全作业能力及提高职业素养。
　　※　知识目标：
　　1. 能对 PLC 进行网络组态，能掌握 SFB15 和 SFB14 实现 400PLC 与 300PLC 的 S7 通信；

2. 能对生产线 IP 地址配置及 PROFINET 网络地址设置，能够理解通信网络中的信号发送和接收的地址查看；

3. 能清楚 PLC 的程序结构，能够查看各个站 PLC 主程序和控制子程序；

4. 能够保存程序、能寻找不丢失。

※ 能力目标：

1. 具有探究学习、终身学习、分析问题和解决问题的能力；

2. 具有本专业必需的信息技术应用和维护能力。

学习流程

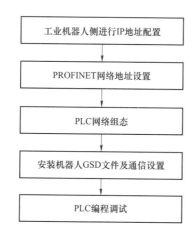

S7-400 与 S7-300 之间以太网通信：

为了能够对各个 PLC 进行协调控制，需要设置 S7-400PLC 与 S7-300PLC 之间以太网通信。

线体 400PLC 与各站 PLC 之间数据交换：采用西门子 S7-412-3 型号的 PLC 通过 S7 通信协议与其他 S7-315PLC 实现工业现场总线通信，实现线体的数据交换。

数据地址的查看：当建立好通信后，就可以进行数据的交换了，但是还需要明确是哪些地址的数据用于今后的交换，即需要在程序中进行编程定义。

进入 400PLC 站点，进入程序页面，建立 FC22 通信块（图 6-4），进入可以进行所有通信数据交换的指令编程。

图 6-4 FC22 通信块

为了在两个 S7-400 站之间或 S7-400 站与 S7-300 站之间通过在 NetPro 中组态的一个 S7 连接进行数据通信，必须在 S7 程序中调用通信函数。

SFB15（"PUT"）用于向远程 CPU 写入数据，SFB14（"GET"）用于从远程 CPU 读取数据。

单边访问：只需在 SIMATIC 400 中调用功能块，在 SIMATIC 300 中调用 DB 块即可。S7-400 用于 S7 连接的通信功能块位于标准库下的系统功能块中，如图 6-5 所示。

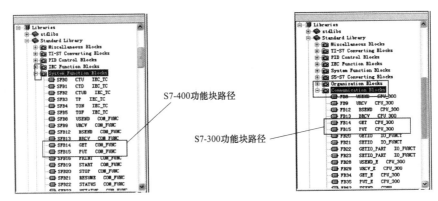

图 6-5　400PLC 的功能块调用

发送收数据地址的查看：查看 400PLC 的 SFB15 指令，为 400PLC 发送至 300PLC 的信号指令。指令中地址的解释如图 6-6 所示。

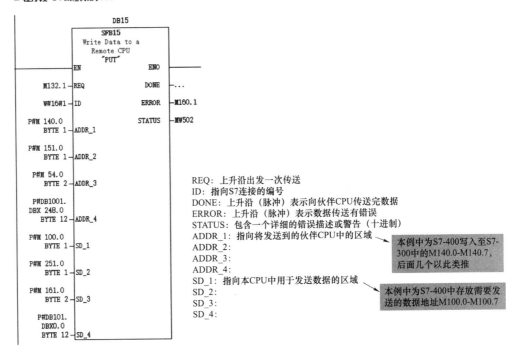

图 6-6　SFB15 指令

接收数据地址的查看：查看 S7-400PLC 的 SFB14 指令，为 S7-400PLC 接收 S7-300PLC 的信号指令。指令中地址的解释如图 6-7 所示。

为了方便编程，我们通过查看 400PLC 的 SFB14 与 SFB15 指令，结合标准程序中 FC22 通信模块的地址发送及接收关系，可以获得如图 6-7 所示的数据发送和接收关系图。

后续可以直接使用这些地址进行编程，协调各个站 PLC 的数据，实现各个站点的信息数据交互。需要注意的是，数据都需要经过 400PLC 进行集中协调处理，如表 6-4 所示。

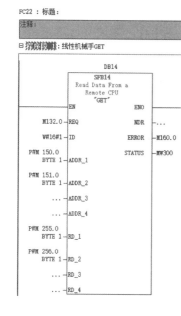

FC22 ：标题：

注释：

程序段1：线性机械手GET

REQ：上升沿出发一次传送（时钟脉冲）
ID：指向S7连接的编号
NDR：上升沿（脉冲）表示从伙伴CPU接收到数据
ERROR：上升沿（脉冲）表示数据传送有错误
STATUS：包含一个详细的错误描述或警告（十进制）
ADDR_1：指向将读取的伙伴CPU中的区域
ADDR_2：
ADDR_3：
ADDR_4：本例中为S7-300中的M151.0至M151.7

本例中为S7-300中的M150.0至M150.7

RD_1：指向本CPU中用于存放数据的区域
RD_2：
RD_3：本例中为S7-400中的M256.0至M256.7
RD_4：

本例中为S7-400中的M255.0至M255.7

图6-7　SFB14指令

表6-4　400PLC与300PLC通信表

400PLC		SFB14（DB14）	线性机械手300PLC		连接号
M255	1 byte	←	M150	1 byte	W#16#4
M256	1 byte	←	M151	1 byte	W#16#4
400PLC		SFB15（DB15）	线性机械手300PLC		
M100	1 byte	→	M140	1 byte	W#16#4
M161	2 byte	→	M54	2 byte	W#16#4
DB101.DBX0	12 byte	→	DB1001.DBX248	12 byte	W#16#4
400PLC		SFB14（DB18）	CNC1 300PLC		
M181	1 byte	←	M103	1 byte	W#16#2
M182	1 byte	←	M100	1 byte	W#16#2
400PLC		SFB15（DB19）	CNC1 300PLC		
M100	1 byte	→	M100	1 byte	W#16#2
M104	1 byte	→	M104	1 byte	W#16#2
400PLC		SFB14（DB16）	CNC2 300PLC		
M180	1 byte	←	M105	1 byte	W#16#3
400PLC		SFB15（DB17）	CNC2 300PLC		
M100	1 byte	→	M100	1 byte	W#16#3
M104	1 byte	→	M104	1 byte	W#16#3

小贴士

　　党的二十大报告中提出，巩固优势产业领先地位，在关系安全发展的领域加快补齐短板，提升战略性资源供应保障能力。推动战略性新兴产业融合集群发展，构建新一代信息技术、人工智能、生物技术、新能源、新材料、高端装备、绿色环保等一批新的增长引擎。

知识拓展

任务 6.2　系统调试 1：生产线运行联调

任务描述

　　自动生产线整线联调，需要自动生产线中的各个区域工位均已经完成工位调试后，再由主控系统上位机进行联调信号的统一协调发送，通过通信进行生产线工艺流程的整体控制。自动生产线是集合工业自动化技术、计算机应用技术、电子通信技术和工业机器人技术于一体的综合性高技术含量产品，其应用程度衡量了传统行业工业自动化程度的水平。本条生产线是以 PLC 与工业机器人为核心的自动生产线系统的设计与实现，根据机械系统的工艺流程设计出控制系统的程序控制逻辑流程图，使用西门子 PLC 编程软件设计出整条生产线控制系统的程序，实现整条生产线全自动化运行。

学前准备

　　1. 西门子 PROFIBUS-DP 使用手册；

　　2. STEP7 软件使用说明书；

　　3. 西门子 PROFINET 使用手册。

学习目标

　　※ 素质目标：

　　1. 培养安全作业能力及提高职业素养；

　　2. 培养较强的团队合作意识；

　　3. 养成规范的职业行为和习惯。

　　※ 知识目标：

　　1. 能完成系统的 PLC 组态配置；

　　2. 能完成 PLC 的通信配置；

　　3. 能建立、保存和删除 PLC 的程序、功能或者函数；

　　4. 能对 PLC 进行网络组态，能掌握 SFB15 和 SFB14 实现 400PLC 与 300PLC 的 S7 通信；

　　5. 能对生产线 IP 地址配置及 PROFINET 网络地址设置，能够理解通信网络中的信号发送和接收的地址查看；

　　6. 能清楚 PLC 的程序结构，能够查看各个站 PLC 主程序和控制子程序；

　　7. 能够保存程序、能寻找不丢失；

　　8. 能根据工艺要求，完成工业机器人程序编制，能对生产线进行联调控制。

※ 能力目标:
1. 具有良好的语言、文字表达能力和沟通能力;
2. 能熟练对工业机器人进行现场编程。

学习流程

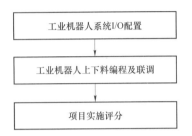

```
工业机器人系统I/O配置
        ↓
工业机器人上下料编程及联调
        ↓
项目实施评分
```

6.2.1 任务准备

按照自动生产线全线联调运行的控制要求,完成整条线体的联调测试,动作流程如表 6-5 所示。

表 6-5 动作流程

序号	区域工位	动作流程
1	400PLC（A 区域）HMI	400PLC 通过触摸屏发送启动信号
2	AGV 小车工位	毛坯件通过 AGV 小车送至上料位
3	线性机械手工位 （B 区域）	ABB 机器人 R1 将工件托架盘取出放入固定上料位
4	400PLC（A 区域）	输送链运转,线体运送空托盘
5	线性机械手工位 （B 区域）	线性机械手工位 B 区域自动挡停托盘
		ABB 机器人 R2 将工件托架盘中的毛坯工件取出放入线体挡停位置的托盘上
		线性机械手工位 B 区域放行托盘
6	CNC1 工位 （C 区域）	CNC1 工位 C 区域自动挡停托盘
		川崎机器人将工件托架盘中的毛坯工件取出
		CNC1 开门
		放工件,夹紧工件
		川崎机器人回到 HOME 点
		CNC1 关门
		数控车床 CNC1 加工毛坯工件
		工件加工完成后,川崎机器人将工件取出后,放入线体挡停位置的托盘上

序号	区域工位	动作流程
6	CNC1 工位 （C 区域）	RFID 写入 1 序信息，记录粗加工信息
		C 区域放行托盘
7	CNC2 工位 （D 区域）	CNC2 工位 D 区域自动挡停托盘
		RFID 读出 1 序信息，是否已完成粗加工
		川崎机器人将工件托架盘中的毛坯工件取出
		CNC2 开门
		放工件，顶紧固定工件
		川崎机器人回到 HOME 点
		CNC2 关门
		数控车床 CNC2 加工毛坯工件
		工件加工完成后，川崎机器人将工件取出后，放入线体挡停位置的托盘上
		RFID 写入 2 序信息，记录精加工信息
		D 区域放行托盘
8	400PLC（A 区域）	完成工件后，经过挡停分流，将完成工件的托盘汇入下料岔道
9	线性机械手工位 （B 区域）	RFID 读出信息，读取已加工信息
		ABB 机器人 R2 将工件从托盘上取出，放入托架盘中
		当托架盘满足个数后，由 ABB 机器人 R1 将工件托架盘取出放回固定上料位
10	AGV 小车工位	成品件通过 AGV 小车送回至出料位

以上为单循环的控制流程，根据实际情况可以调试为连续循环的控制流程。

6.2.2 任务实施：自动生产线联调动作测试

测试 PLC、AGV、机器人、数控机床、RFID、HMI 和 MES 的功能是否成功，测试步骤如下：

（1）启动系统运行，AGV 小车上料过程是否正常。

（2）输送链运转，线体运送空托盘。

（3）ABB 机器人 R1 将工件托架盘取出放入固定上料位。

（4）ABB 机器人 R2 将工件托架盘中的毛坯工件取出放入线体。

（5）CNC1 工位的川崎机器人的上下料工作与数控机床联调是否正常。

（6）CNC2 工位的川崎机器人的上下料工作与数控机床联调是否正常。

（7）各个工位挡停和放行动作是否流畅正常。

（8）RFID 是否读写正常。

（9）HMI 和 MES 是否能实现控制效果。

6.2.3 任务评价

项目实施评分表见表 6-6。

表 6-6 项目实施评分表

序号	项目	自评分	小组评分	存在问题
1	各站数据信息发送接收功能正常（10 分）			
2	400PLC 发送启动信号正常（10 分）			
3	发送信号给 AGV 小车上料功能正常（10 分）			
4	发送信号给输送链的变频器能正常控制（10 分）			
5	发送信号给 ABB 机器人 R1 对工件托架盘的搬运正常（10 分）			
6	发送信号给 ABB 机器人 R2 对工件的搬运正常（10 分）			
7	发送信号给 CNC1 工位的川崎机器人能与数控机床联调进行上下料工作（10 分）			
8	发送信号给 CNC2 工位的川崎机器人能与数控机床联调进行上下料工作（10 分）			
9	发送信号给各个工位挡停和放行动作流畅正常（10 分）			
10	职业素养（10 分）			
	总分（100 分）			

任务 6.3 系统调试 2：生产线 HMI 设计调试

6.3.1 任务准备

1. 人机界面的定义

人机界面（Human-Machine Interface，HMI）又称人机接口。人机界面可以连接可编程序控制器（PLC）、变频器、直流调速器、温控仪表、数采模块等工业控制设备，利用显示屏显示，通过触摸屏、按键、鼠标等输入单元写入参数或输入操作命令，进而实现用户与机器之间的信息交互。

2. 人机界面的组成及工作原理

人机界面产品一般由 HMI 硬件设备和 HMI 操作软件两部分组成。HMI 硬件设备包括处理器、显示单元、输入单元、通信接口、数据存信单元等，其中处理器的性能决定了人机界面产品的性能高低，是人机界面的核心单元。

3. 人机界面的基本功能

过程可视化：将工业生产控制过程动态地显示在 HMI 设备上。

操作员对过程的控制：操作员可以通过图形用户界面来控制工业生产过程。

显示报警：对工业生产过程的临界状态会自动触发报警。

归档过程值和报警：根据需求，可以记录报警和过程值，检索以前的生产数据。

过程值和报警记录：根据需求，可以打印输出报警和过程值报表。

过程和设备的参数管理：依据产品的不同品种，可以将工业生产过程中相应产品的参数存储在配方中。

生产线配套的触摸屏（见图 6-8）为西门子的 TP170B 型号，设计步骤如下：

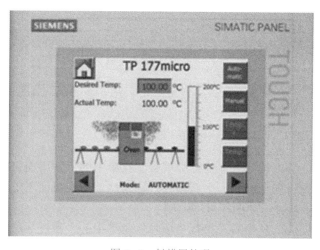

图 6-8 触摸屏外观

1. WinCC flexible 的启动

启动 WinCC flexible，单击"开始"→"SIMATIC"→"WinCC flexible 2007"→"WinCC flexible"选项，如图6-9所示。（可以将项目集成到 STEP7 中）

图6-9　WinCC flexible 的启动

2. 创建项目

使用 WinCC flexible 可创建不同类型的项目，如图6-10所示。WinCC flexible 的项目可以使用项目向导来创建，也可以直接创建项目。

图6-10　选择项目页面

打开 WinCC flexible 软件后，执行"项目"菜单中的"使用项目向导建立新项目"命令或单击"使用项目向导创建一个新项目"选项，该命令将使用户一步一步建立一个新的 WinCC flexible 项目，如图6-11所示。

打开 WinCC flexible 软件后，执行"项目"菜单中的"新建"命令或单击"创建一个空项目"选项，来新建一个项目。选择的 HMI 设备是 TP 170B coler，如图6-12所示。选择完成后单击"下一步"按钮继续组态。

图 6-11　创建项目页面

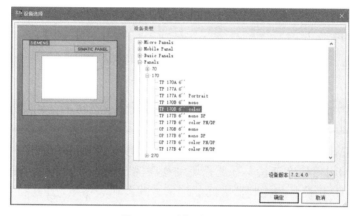

图 6-12　选择型号页面

输入完成后，单击"完成"按钮生成项目文件，如图 6-13 所示。

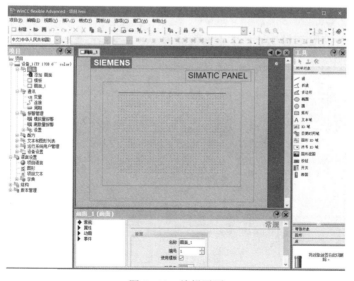

图 6-13　编辑页面

WinCC flexible 软件的主编辑界面如图 6-14 所示。

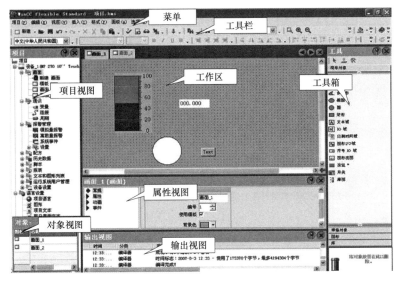

图 6-14 WinCC flexible 软件的主编辑界面

3. 建立连接

在项目视图中包含了项目中的各组成部分与编辑器,以树形结构显示,分别是设备、语言设置、结构与版本管理。

首先建立 HMI 设备与控制器之间的连接。双击项目视图中"通讯"文件夹下的"连接",打开连接编辑器建立连接。在通信驱动程序的下拉菜单中选择与 HMI 设备相连接的控制器,设置 HMI 设备与控制器之间的连接方式及相关参数,在连接中选择以太网连接,设置各自的 IP 地址,与其相连接的控制器是 SIMATIC S7-400,IP 地址为 192.168.0.10,触摸屏的 IP 地址为 192.168.0.17,如图 6-15 所示。

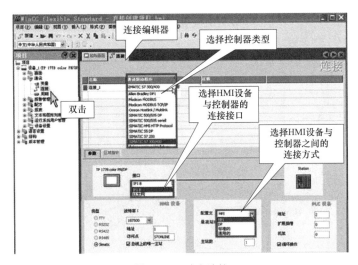

图 6-15 建立连接

4. 添加变量

1）变量的分类

顾名思义，变量是变化的量，一般分为内部变量与外部变量。

内部变量：与外部控制器没有连接的变量。内部变量的值存储在 HMI 的存储器中，不需要为其分配地址，只有 HMI 能够对其进行访问，一般用于 HMI 内部的计算或执行其他任务。内部变量没有数量限制，可以无限制地使用。

外部变量：与外部控制器（如 PLC）具有过程连接的变量，是 HMI 设备与外部控制器进行数据交换的桥梁。外部变量必须为其指定与 HMI 相连接的 PLC 及其在 PLC 上的存储器地址，其值随 PLC 程序的执行而改变。HMI 与 PLC 都可以对外部变量进行读写访问，其能采用的数据类型取决于与 HMI 设备相连接的 PLC。最多可使用的外部变量数目与授权有关。

2）变量的数据类型

无论是内部变量还是外部变量，都需要定义其数据类型。变量的基本数据类型如图 6-16 所示。

变量类型	符号	位数/bit	取值范围
字符	Char	8	
字节	Byte	8	0~255
有符号整数	Int	16	-32768~32767
无符号整数	Uint	16	0~65535
长整数	Long	32	-2147483648~2147483647
无符号长整数	Ulong	32	0~4294967295
浮点数（实数）	Float	32	1.175495 e~3.402823e+38
双精度浮点数	Double	64	
布尔（位）变量	Bool	1	True(1)、false(0)
字符串	String		
日期时间	Date Time	64	日期/时间值

图 6-16　变量的基本数据类型

3）打开变量编辑器

打开创建的项目"直接创建项目"，双击项目视图中"通讯"文件夹下的"变量"，将会在工作区打开变量编辑器，如图 6-17 所示。

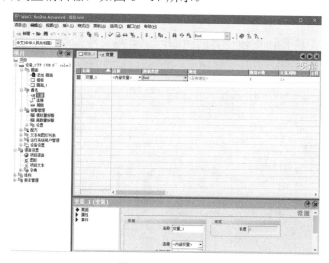

图 6-17　建立变量

4）定义变量

名称：用户可以为每个变量选择一个名称。但请注意，名称在此变量文件夹内只能出现一次。

连接：输入变量的名称后，在变量编辑器"连接"下拉菜单中，定义变量的类型，可以将其设置为"内部变量"或与 HMI 相连接的 PLC 的连接（外部变量），如图 6-18 所示。

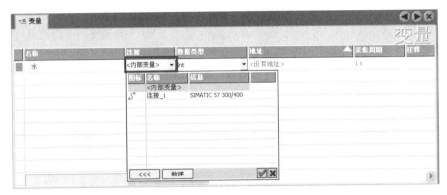

图 6-18　集成中的变量选择

5）数据类型

在变量编辑器"数据类型"下拉菜单中，定义该变量的数据类型，如图 6-19 所示。注意：对于外部变量，定义的数据类型与 PLC 型号有关，一定要与该变量在 PLC 中的类型相一致。

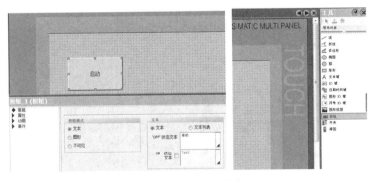

图 6-19　新建变量列表

在右侧工具栏中将按钮拖拽至界面中即可，可在属性汇总中对按钮进行文字编辑，如图 6-20 所示。

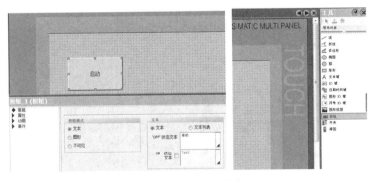

图 6-20　添加启动按钮

单击按钮图标块,在下拉按钮的设置列表中选择"按下"操作进入设置,如图 6-21 所示。

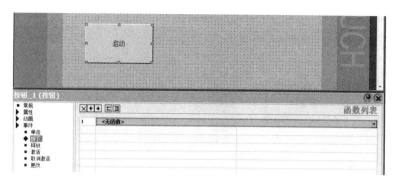

图 6-21 按钮变量动作编辑

在页面中对按下动作进行设置,由于按钮是由 0 到 1 再到 0 的动作过程,先设置按下由 0 到 1 的动作,对位进行 SetBit 的变量对应,如图 6-22 所示。

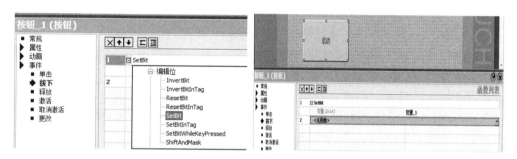

图 6-22 按下动作设置

在页面中对抬起动作进行设置,先设置抬起由 1 到 0 的动作,对位进行 Resetbit 的变量对应,如图 6-23 所示。

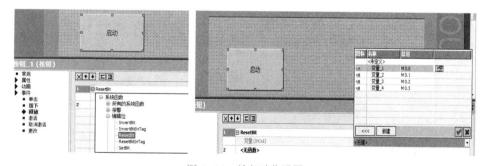

图 6-23 抬起动作设置

5. 画面的切换

触摸屏页面,如果单页不满足要求,可以通过设置多画面切换功能实现不同页面之间的切换,分类进行编辑设计,方便查看。

在已经有了画面 1 的基础上,通过项目菜单中的"画面"进行添加画面,如图 6-24

所示。

　　添加完成画面 2，在画面 2 编辑页面中，如果需要切换至画面 1，直接拖拽画面 1 到界面中即可生成画面切换按钮的设计，运行中可通过该按钮返回画面 1，如图 6-25 所示。

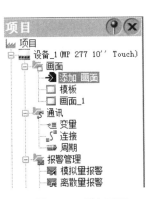

图 6-24　添加画面

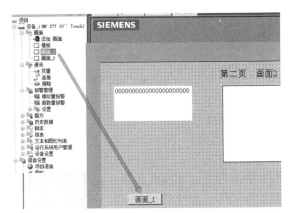

图 6-25　添加页面切换按钮

6. HMI 设备与组态 PC 机的连接

　　完成项目可以通过编译查看是否有错误，没有错误即可将项目下载至触摸屏使用。HMI 设备与组态 PC 机的连接方式取决于 HMI 设备的型号。不同 HMI 设备连接 PC 机的方式也不同。MP277 PN/DP 与组态 PC 机之间的连接有 4 种方式供用户选择，分别是通过以太网连接、RS232/PPI 多主站电缆连接、MPI/DP 连接、USB 连接，如图 6-26 所示。首先设置 HMI 设备与组态软件 WinCC flexible 的通信参数。

　　（1）设置 HMI 设备的通信参数。

　　（2）设置组态软件 WinCC flexible 的通信参数。打开用户的工程项目后，执行"项目"菜单中"传送"中的"传送设置"命令或单击工具栏上的图标，出现传送对话框，选择对应设备后进行项目传送。如图 6-26 所示。

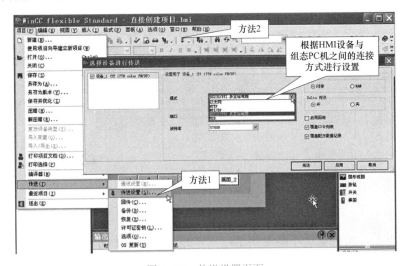

图 6-26　传送设置页面

（3）传送项目。如果在 WinCC flexible 软件中所选择的设备版本与实际的 HMI 设备版本不一致，会导致不能将在计算机上所开发的组态项目下载到 HMI 设备中。此时需要对设备进行"OS 更新"（类似升级 firmware）。执行"项目"菜单中"传送"中的"OS 更新"命令，在弹出的对话框中单击"更新 OS"按钮对 HMI 设备进行更新，如图 6-27 所示。

图 6-27　OS 更新页面

（4）以太网下载设置。将网线连接至计算机和触摸屏网口，选择以太网及 IP 地址（通过后面介绍的触摸屏系统页面进行查看确定 IP 地址）进行传送下载项目至触摸屏，如图 6-28 所示。

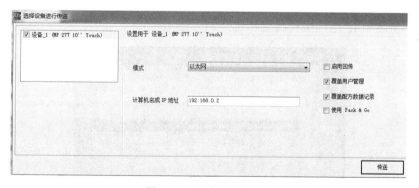

图 6-28　以太网下载设置

7. 触摸屏端内部设置

开机等待进入如图 6-29 所示选项页面画面，选择第三个"Control Panel"控制屏幕按钮进入内部设置，主要是查看和设置 IP 地址。（此菜单开机后会快速闪过进入使用页面，请及时选择进入）

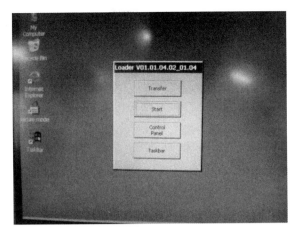

图 6-29　开机进入选项页面

在传送设置页面中，查看通道 Channel2 中的 Ethernet，单击"Advanced"按钮进入，如图 6-30 所示。

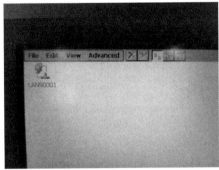

图 6-30　传送设置页面

此处可以查看触摸屏的 IP 地址，也可以在此修改，如图 6-31 所示。（注意：下载时一定根据实际的 IP 地址进行设置和选择。）

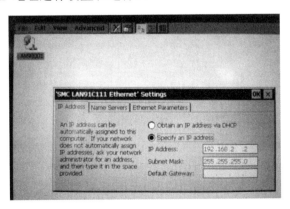

图 6-31　触摸屏的 IP 地址查看页面示例

将网线连接至计算机和触摸屏网口，选择以太网及 IP 地址（通过后面介绍的触摸屏系统页面进行查看确定 IP 地址）进行传送下载项目至触摸屏，如图 6-32 所示。

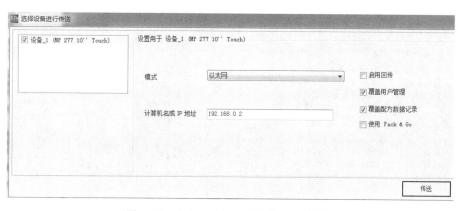

图 6-32　下载项目填写查看的 IP 地址示例

　　如果下载失败，确认不是硬件或者 IP 地址不对而提示无法下载的情况，可能是没有退出系统页面造成的，可以退出回到该页面，选择第一个选项"传送"按钮再下载。

6.3.2　任务实施：HMI 设计与调试

　　在原有自动生产线通信网络构建完成后，设计 HMI 界面并能够测试利用 HMI 与 PLC、AGV、机器人、数控机床、RFID 的功能是否成功。画面设计可参考图 6-33～图 6-39 所示。按照分页模块进行设计。

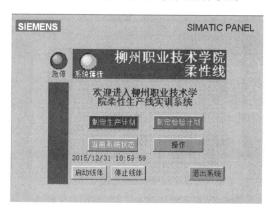

图 6-33　主控首页

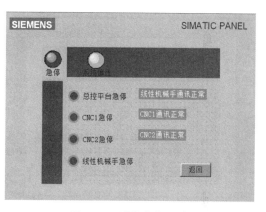

图 6-34　通信监控界面

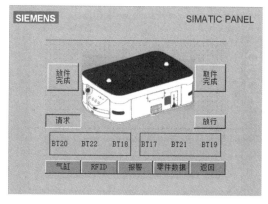

图 6-35　AGV 小车监控画面

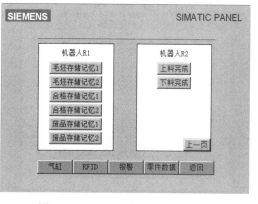

图 6-36　R1、R2 机器人监控画面

学习笔记

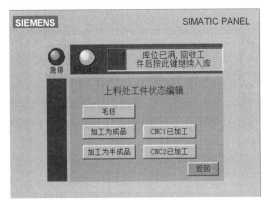

图 6-37　上料处监控画面（一）

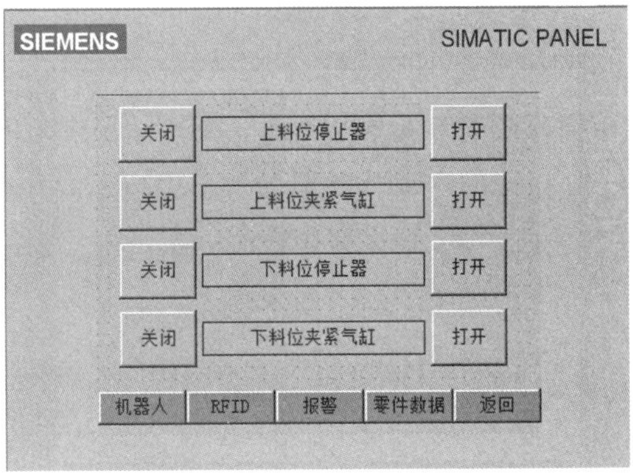

图 6-38　上料处监控画面（二）

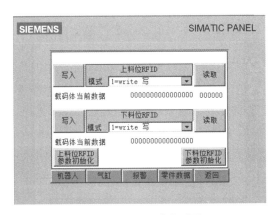

图 6-39　RFID 监控画面

按照控制要求，可以设计触摸屏与其他设备间的变量，如图 6-40 所示。

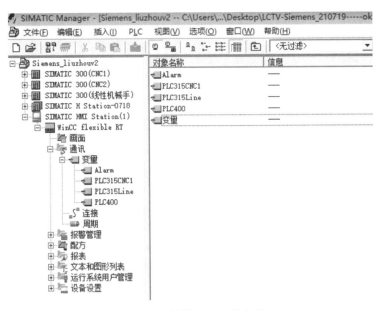

图 6-40　触摸屏 HMI 的变量

在设计画面时，可查看 S7 网络的连接流向，查看对应 400PLC 与 300PLC 的通信组成连接，如图 6-41 所示。

名称	激活的	通讯驱动程序	工作站	伙伴站	节点	在线	注
Connection_1	开 ▼	SIMATIC S7 300/400 ▼	\Siemens_liuz...	CPU 412-3P ▼	PN-IO-2 ▼	开 ▼	
S7 connection_1	开	SIMATIC S7 300/400	\Siemens_liuzhou...	CPU 412-3 H	PN-IO	开	
S7 connection_2	开	SIMATIC S7 300/400	\Siemens_liuzhou...	CPU 412-3 H Bac...	PN-IO-1	开	
S7 connection_4	开	SIMATIC S7 300/400	\Siemens_liuzhou...	CPU 315F-2PN/DP	PN-IO-4	开	
连接_2	开	SIMATIC S7 300/400	\Siemens_liuzhou...	CPU 315F-2PN/DP	PN-IO-3	开	
连接_3	关	SIMATIC S7 300/400	\Siemens_liuzhou...	CPU 412-3 H Bac...	PN-IO	开	

图 6-41　S7-400PLC 与 S7-300PLC 的通信连接设置

HMI 中的控件元件对应将 PLC 中的数据地址进行连接，如图 6-42 所示。

名称	连接	数据类型	符号	地址	数组计数	采集周期	注
CNC1急停	S7 connection_1	Bool ▼	<未定...> ▼	M 181.0 ▼	1	1 s	
CNC1通讯失败	S7 connection_1	Bool	<未定义>	M 160.7	1	1 s	
CNC2通讯失败	S7 connection_1	Bool	<未定义>	M 170.0	1	1 s	
DB_FM353.SYNC	S7 connection_1	Bool	<未定义>	DB 1 DBX 25.0	1	1 s	sy
半成品满	S7 connection_1	Bool	<未定义>	M 170.7	1	1 s	
成品满	S7 connection_1	Bool	<未定义>	M 170.6	1	1 s	
抽检次数	S7 connection_1	Int	<未定义>	MW 161	1	1 s	
出半成品	S7 connection_1	Bool	<未定义>	M 251.7	1	1 s	
出毛坯	S7 connection_1	Bool	<未定义>	M 251.6	1	1 s	
急停	S7 connection_1	Bool	<未定义>	M 100.3	1	1 s	
加工为半成品	S7 connection_1	Bool	<未定义>	M 251.4	1	1 s	
加工为成品	S7 connection_1	Bool	<未定义>	M 251.5	1	1 s	
启动	S7 connection_1	Bool	<未定义>	M 100.0	1	1 s	
启动线体	S7 connection_1	Bool	<未定义>	M 170.1	1	1 s	
手动抽检	S7 connection_1	Bool	<未定义>	M 190.6	1	1 s	
停止	S7 connection_1	Bool	<未定义>	M 100.1	1	1 s	
停止线体	S7 connection_1	Bool	<未定义>	M 170.2	1	1 s	
无工件半成品	S7 connection_1	Bool	<未定义>	M 170.5	1	1 s	
无工件毛坯	S7 connection_1	Bool	<未定义>	M 170.4	1	1 s	
线性机械手通讯失败	S7 connection_1	Bool	<未定义>	M 160.6	1	1 s	
总控平台急停	S7 connection_1	Bool	<未定义>	I 7.7	1	1 s	

图 6-42　触摸屏控件元件地址对应 PLC 的变量地址

测试步骤如下：

（1）通过 HMI 触摸屏启动系统运行，AGV 小车上料。

（2）通过 HMI 触摸屏启动输送链运转，线体运送空托盘。

（3）通过 HMI 触摸屏启动 ABB 机器人 R1 将工件托架盘取出放入固定上料位。

（4）通过 HMI 触摸屏启动 ABB 机器人 R2 将工件托架盘中的毛坯工件取出放入线体。

（5）通过 HMI 触摸屏启动 CNC1 工位的川崎机器人的上下料工作与数控机床联调。

（6）通过 HMI 触摸屏启动 CNC2 工位的川崎机器人的上下料工作与数控机床联调。

（7）通过 HMI 触摸屏启动各个工位挡停和放行动作。

（8）通过 HMI 触摸屏监控 RFID 读写是否正常。

6.3.3　任务评价

项目实施评分表见表 6-7。

表 6-7　项目实施评分表

序号	项目	自评分	小组评分	存在问题
1	各站数据信息发送、接收功能正常（10 分）			
2	触摸屏连接各站地址功能正常（10 分）			
3	触摸屏发送启动信号给 400PLC 正常（5 分）			
4	触摸屏控制 AGV 小车上料功能监控正常（5 分）			
5	触摸屏控制输送链的变频器能正常控制（10 分）			
6	触摸屏控制 ABB 机器人 R1 对工件托架盘的搬运正常（5 分）			
7	触摸屏控制 ABB 机器人 R2 对工件的搬运正常（10 分）			
8	触摸屏对 CNC1 工位的川崎机器人能与数控机床联调进行上下料工作（10 分）			
9	触摸屏对 CNC2 工位的川崎机器人能与数控机床联调进行上下料工作（10 分）			
10	触摸屏对各个工位挡停和放行动作流畅（15 分）			
11	触摸屏对 RFID 读写正常（5 分）			
12	职业素养（5 分）			
	总分（100 分）			

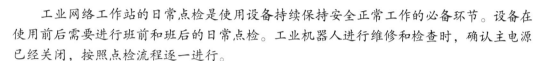

任务 6.4　运行维保：工业网络日常点检

任务描述

　　工业网络工作站的日常点检是使用设备持续保持安全正常工作的必备环节。设备在使用前后需要进行班前和班后的日常点检。工业机器人进行维修和检查时，确认主电源已经关闭，按照点检流程逐一进行。

学前准备

　　1. 保养手册；
　　2. 点检文件。

学习目标

　　※ 素质目标：
　　1. 养成规范的职业行为和习惯；
　　2. 养成执行工作严谨、认真的过程细节。
　　※ 知识目标：
　　1. 熟悉生产线设备日常保养的内容、方法和手段；
　　2. 能对工业网络工作站进行日常点检作业。
　　※ 能力目标：
　　1. 具有良好的语言、文字表达能力和沟通能力；
　　2. 具有本专业必需的信息技术应用和维护能力。

学习流程

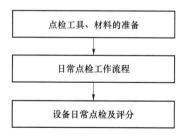

点检工具、材料的准备

日常点检工作流程

设备日常点检及评分

6.4.1　任务准备

　　点检，是按照一定标准、一定周期，对设备规定的部位进行检查，以便早期发现设备故障隐患，及时加以修理调整，使设备保持其规定功能的设备管理方法。设备点检制不仅仅是一种检查方式，更是一种制度和管理方法。

6.4.1.1　点检工具、材料准备

点检所需要的日常工具和材料包括：

（1）清洁工具、材料：皮老虎、网线测试仪、清洁剂等。

（2）个人防护用品：工作服、劳保鞋、防水胶手套等。

设备日常维护工具如图 6-43 所示。

图 6-43　设备日常维护工具

6.4.1.2　日常点检工作流程

日常点检工作主要是在班前和班后进行：检查、清扫、紧固。工业网络进行维修和检查时，确认主电源已经上电，按照如下流程进行点检：

（1）开机前的检查。

（2）填写设备点检表。

（3）班后设备清扫。

（4）工具归位（按"5S"定置）。

（5）填写设备交接班记录表。

6.4.2　任务实施：工业网络的日常点检作业

设备日常点检作业是指岗位生产人员（设备操作人员），每天根据设备日常点检标准书，对重要设备关键部位的声响、振动、温度、油压等运行状况，通过人的感官进行的检查，并将检查结果记录在设备点检表中的工作。大部分点检内容通常班前按《设备日常点检作业标准》进行。

日常点检流程如图 6-44 所示。

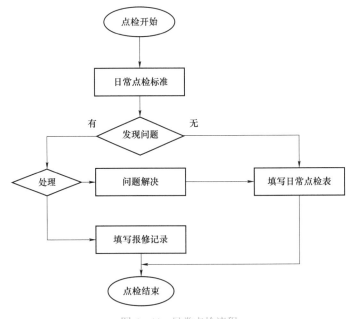

图 6-44　日常点检流程

设备正常的安全机构是保证人身安全的前提，安全机构检查应纳入日常点检范围内，机器人安全使用要遵循以下原则：不随意短接、不随意改造、不随意拆除、操作规范。

1. 网络日常检查内容

（1）工业交换机的检查，包括控制柜内和控制台内交换机的检查。检查方法：工业交换机处于上电状态，查看交换机信息灯闪烁是否正常。

（2）网线有无破损、脱落的检查。检查方法：注意检查网线有无破损，对插入交换机及各个设备网络接口的网线进行检查。

（3）PROFINET 网络的检查。检查方法：检查网线有无破损，对插入交换机及各个设备网络接口网络水晶头进行检查。

（4）PROFIBUS-DP 网络的检查。检查方法：注意检查 DP 线有无破损，对插入各个 DP 接口的 DP 专用接头进行检查；检查 PROFIBUS-DP 远程 I/O 模块连接是否正常，有无报错报警。

（5）交换机外观及网络设备外观检查。有无损坏、油污等影响通信安全的检查。

2. 工业网络工作站日常检查内容

工业网络工作站日常检查包含机器人安全围栏、工装、水气等内容的检查，每天都应该进行设备的点检，内容如表 6-8 所示。

表 6-8 TPM 标准点检表——机器人设备

项目：机器人工位			操作者 A 班： B 班：	零件简称/图号： （　　　　）	日期：	
序号	系统	检查点		检查/维护内容	检查标准	A 班	B 班
1	工业 网络	PROFINET 网络	交换机	交换机外观	有无破损、油污等		
				信息灯闪烁	交换机信息灯闪烁是否正常		
			网线	水晶头	网线接头连接紧固件无松动		
				网线	网线无破损、污损、油污		
		PROFIBUS- DP 网络	DP 线	DP 专用接线头	紧固牢靠、无松动		
				DP 线	无破损、污损、油污		
			远程 IO	PROFIBUS-DP 远程 I/O 模块	连接是否正常，有无报错及 报警		
2	签章	操作者签章		操作者对以上内容检查无误后，签字确认			
		项目负责机修签章		项目负责机修查看是否有需要维修的项目，并签章确认			
		班组长/技术员签章		项目负责技术员/班组长每周检查一次，并签章确认			
	备注：1. 点检标记："○"表示正常；"△"表示可以使用，但需要维修；"×"表示不能工作，维修解决，班组长跟踪；"⊗"、"◿"表示已修复。 2. 本工位不适用的，在空白框内填"N/A"。 3. 机修、班组长、技术员检查操作者点检情况，并在相应的位置签字确认。 4. 每周检查的项目，在相应的空白框内填写点检标记，并填写检查者的姓名及日期。						

6.4.3 任务评价

按照设备日常点检表格进行逐项位置点检，根据工业网络工作站点检项目实施评分表 6-9 进行评定。

表 6-9　工业网络工作站点检项目实施评分表

序号	项目评分标准	分值	自评分	教师评分	存在问题记录及分析
1	工业交换机的检查,包括控制柜内和控制台内交换机的检查是否逐一完成	15			
2	网线有无破损、脱落的检查是否逐一完成	10			
3	PROFINET 网络的检查是否逐一完成	25			
4	PROFIBUS-DP 网络的检查是否逐一完成	15			
5	PROFIBUS-DP 远程 I/O 模块连接是否正常,有无报错报警,点检是否逐一完成	15			
6	交换机外观及网络设备外观检查	10			
7	职业素养	10			
	总分	100			

课后作业

1. 填空题

（1）S7-400 与 S7-300 之间以太网 S7 通信采用_____指令用于发送数据。

（2）S7-400 与 S7-300 之间以太网 S7 通信采用_____指令用于接收数据。

（3）S7-400PLC 地址的 M100.0 与线性机械手 300PLC 之间通信,对应的是_____地址。

（4）CNC1 300PLC 的通信地址 M103.0 发信号给 S7-400PLC,对应的是_____地址。

（5）CNC2 300PLC 与 400PLC 通信,发送和接收的数据类型为_____。

（6）S7-400 与 CNC2 S7-300 之间以太网通信,连接号地址为_____。

（7）人机界面产品一般由 HMI_____设备和 HMI_____两部分组成。

（8）触摸屏变量的分类有_____和_____变量。

（9）DB50.DBX0.7 地址用于_____（读/写）到_____的,功能是_____。

2. 简答题

（1）简述要完成整条生产线的自动运行需要满足哪些条件。

（2）触摸屏项目在下载到触摸屏之前，需要对触摸屏本身进行哪些设置？

（3）简述在自动运行过程中各个 PLC 之间的通信信号如何实现交互。

项目 7　生产线的生产管理集成

项目引入

在自动生产线中的 MES 可以为企业提供包括制造数据管理、计划排程管理、生产调度管理、库存管理、质量管理、人力资源管理、工作中心/设备管理、工具工装管理、采购管理、成本管理、项目看板管理、生产过程控制、底层数据集成分析、上层数据集成分解等管理模块，为企业打造一个扎实、可靠、全面、可行的制造协同管理平台。本项目主要了解 MES 系统的组成结构、控制方法等，并使用 MES 系统对自动生产线进行排产等设置。MES 系统监控页面如图 7-1 所示。

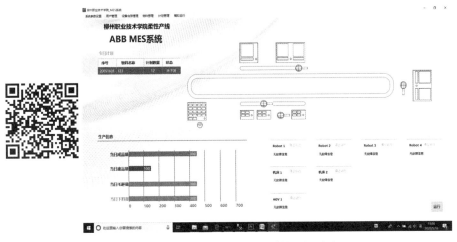

图 7-1　MES 系统监控页面

前期学习了自动生产线的 RFID 的芯片信息读取和写入，掌握了 RFID 在生产线中的基本应用，具备了一定的生产管理集成基础。前序项目解决了自动线的运行及基本网络的构建内容，本项目在整条柔性生产线中主要作为对整条线进行排产计划任务，完成了本站点即可完成一个生产线的生产管理集成项目。本项目在课程中的位置如图 7-2 所示。

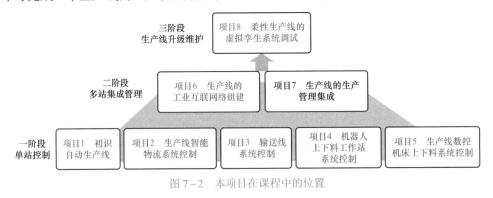

图 7-2　本项目在课程中的位置

项目学习目标

※ 素质目标：

1. 树立生产计划和规划意识；
2. 树立低碳环保意识；
3. 培养安全作业及职业素养要求；
4. 培养较强的团队合作意识；
5. 养成规范的职业行为和习惯；
6. 养成执行工作严谨、认真的过程细节。

※ 知识目标：

1. 能了解 MES 系统在自动生产线中的应用场合；
2. 能用 MES 系统进行基本排产及监控；
3. 能够保存 MES 项目、能寻找不丢失；
4. 能对 MES 系统进行日常点检。

※ 能力目标：

1. 具有探究学习、终身学习、分析问题和解决问题的能力；
2. 具有良好的语言、文字表达能力和沟通能力；
3. 具有本专业必需的信息技术应用和维护能力；
4. 能熟练对 MES 进行现场排产计划。

学习任务

任务 1　技术准备：自动线生产管理 MES 系统构建
任务 2　系统调试：整线排产技术及调试
任务 3　运行维保：生产管理 MES 系统日常点检
依托企业项目载体：柳州工程机械股份有限公司装载机挡圈零部件加工生产线。

学习导图 NEWS

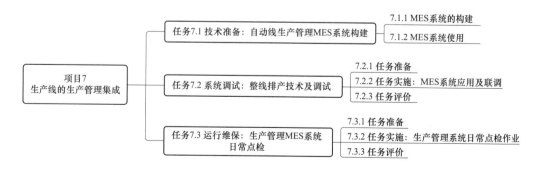

标准链接

★ 项目技能对应的职业证书标准、对接比赛技能点以及其他相关参考标准如表 7-1～表 7-3 所示。

表 7-1　对应 1+X 证书标准

序号	对标 1+X 证书	扫描二维码查看
1	1+X 证书"智能制造生产线集成应用职业技能等级标准"（2021 年版）	
2	1+X 证书"智能制造单元集成应用职业技能等级标准"（2021 年版）	

表 7-2　对接比赛技能点

序号	全国职业技能大赛	对应比赛技能点内容
1	2022 年全国职业技能大赛 GZ-2022021 "工业机器人技术应用"赛项规程及指南	第三赛程　任务三　系统综合任务实现： 1）MES 交互功能设计（20） 2）系统综合任务实现（35）
2	2022 年全国职业技能大赛 GZ-2022018 "机器人系统集成"赛项规程及指南	任务六　MES 系统集成（12%）

表 7-3　其他相关参考标准

序号	标准及规范	编码
1	可编程控制系统设计师国家职业标准	职业编码 X2-02-13-10
2	电工国家职业标准	职业编码 6-31-01-03
3	工业控制系统信息安全	GB/T 30976.1—30976.2
4	制造业信息化技术术语	GB/T 18725—2008

任务 7.1　技术准备：自动线生产管理 MES 系统构建

7.1.1　MES 系统的构建

任务描述

　　本 MES 系统基于对自动线的排产和监控应用，从 MES 平台的软件组成到利用 MES 操作说明书，使用 MES 软件系统进行排产和监控应用，配套的软件说明包含的功能模块，包含了怎样操作 MES 软件，供使用本软件系统的专业控制工程师使用，如图 7-3 所示。

图 7-3　MES 与 PLC 通信示意图

学前准备

　　1. MES 操作手册；

　　2. STEP7 软件使用说明书；

　　3. KEPServer 软件使用手册。

学习目标

　　※　素质目标：

　　1. 树立生产计划和规划意识；

　　2. 树立低碳环保意识；

　　3. 培养安全作业能力及提高职业素养；

　　4. 养成规范的职业行为和习惯。

　　※　知识目标：

　　1. 能够构建 MES 的网络平台；

　　2. 能够用 KEPServer 软件进行 OPC 连接；

　　3. 能够建立 KEPServer 软件与 PLC 数据对接，能够对通信网络进行设置；

　　4. 能够保存程序、能寻找不丢失。

　　※　能力目标：

　　1. 具有探究学习、终身学习、分析问题和解决问题的能力；

　　2. 具有本专业必需的信息技术应用和维护能力；

　　3. 能够查看 KEPServer 软件里的 OPC 通信数据变量。

学习流程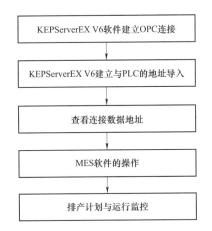

```
┌─────────────────────────────────┐
│   KEPServerEX V6软件建立OPC连接   │
└─────────────────────────────────┘
                 │
                 ▼
┌─────────────────────────────────┐
│  KEPServerEX V6建立与PLC的地址导入 │
└─────────────────────────────────┘
                 │
                 ▼
┌─────────────────────────────────┐
│         查看连接数据地址          │
└─────────────────────────────────┘
                 │
                 ▼
┌─────────────────────────────────┐
│          MES软件的操作           │
└─────────────────────────────────┘
                 │
                 ▼
┌─────────────────────────────────┐
│         排产计划与运行监控        │
└─────────────────────────────────┘
```

MES 软件即制造执行系统（Manufacturing Execution System，MES）。美国先进制造研究机构 AMR（Advanced Manufacturing Research）将 MES 定义为"位于上层的计划管理系统与底层的工业控制之间的面向车间层的管理信息系统"，它为操作人员/管理人员提供计划的执行、跟踪以及所有资源（人、设备、物料、客户需求等）的当前状态。

MES 软件即制造企业生产过程执行管理软件，是一套面向制造企业车间执行层的生产信息化管理系统。MES 可以为企业提供包括制造数据管理、计划排程管理、生产调度管理、库存管理、质量管理、人力资源管理、工作中心/设备管理、工具工装管理、采购管理、成本管理、项目看板管理、生产过程控制、底层数据集成分析、上层数据集成分解等管理模块，为企业打造一个扎实、可靠、全面、可行的制造协同管理平台。

MES 制造执行系统旨在加强 MRP 计划的执行功能，把 MRP 计划同车间作业现场控制，通过执行系统联系起来。现场控制包括 PLC 程控器、数据采集器、条形码、各种计量及检测仪器、机械手等。MES 系统设置了必要的接口，与提供生产现场控制设施的厂商建立合作关系。

MES 系统是整个制造系统的核心，在生产线原有的基础上，增加 PLC，整合现有的 PC、机器人、机床设备、检测设备和机运设备到一个统一的 MES 系统，进行数据信号的采集、控制，生产计划的制订、下发，库位货位的统一管理。设备状态的实时监控、设备保养计划的制订和智能化管理以及模拟系统的开发设计等，可以实现实时生产和模拟生产两种功能，并设计实时监控画面到大屏幕显示，便于系统的目视化显示，实现生产与教学的双重目标。

小贴士

党的二十大报告中提出，加快发展方式绿色转型。推动经济社会发展绿色化、低碳化是实现高质量发展的关键环节。加快推动产业结构、能源

知识拓展

结构、交通运输结构等调整优化。实施全面节约战略，推进各类资源节约集约利用，加快构建废弃物循环利用体系。

7.1.1.1 KEPServerEX V6 软件应用

KEPServer 是一款 OPC 服务器软件，实现了 OPC 标准接口，可以通过 KEPServer 和设备进行通信，而应用程序通过 OPC 协议连接 KEPServer。KEPServerEX 利用 OPC（自动化产业的互操作性标准）和以 IT 为中心的通信协议（如 SNMP、ODBC 和 Web 服务），来为用户提供单一来源的工业数据。此平台是为满足客户对性能、可靠性和易用性的要求而开发和测试的。

KEPServer 同时支持 OPC DA、OPC AE、OPC UA、OPC.NET、DDE、FastDDE /SuiteLink、iFIX 本机接口、客户端终端服务器、ThingWorx 本机接口客户端/服务器技术。客户端应用程序可以使用其中任何一种技术同时访问服务器中的数据。

自动线所使用的是 KEPServerEX 6.7 版本软件来完成 OPC 接口的工作，作为 MES 系统与 PLC 的数据通信接口，如图所示。

图 7-4 KEPServerEX 6.7 版本软件图标

使用软件进行 PLC 的地址配置。建立新项目后，在连接性中建立自动线各个 PLC 的 IP 地址，如图 7-5 所示。

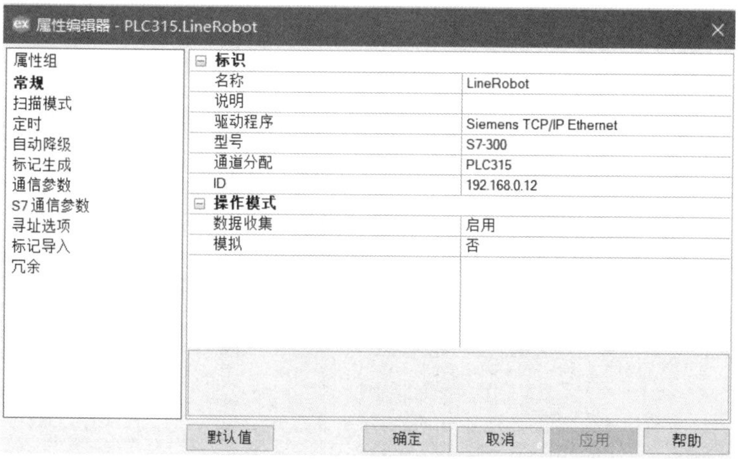

图 7-5 PLC 的 IP 地址设置页面

然后逐个通过网络连接将在线的 PLC 的变量地址上传到 KEPServer 里面，如图 7-6 所示。

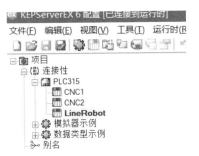

图 7-6　在线 PLC 的变量地址接口界面

然后查看所需要的 MES 对接地址，可通过各个 PLC 的连接中查看，并通过 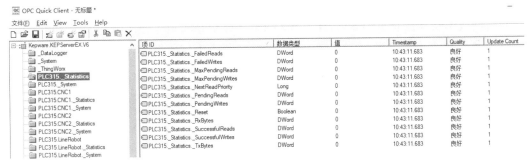 图标可以查看在线连接是否良好，并在线监控当前变量的状态，如图 7-7 所示。

图 7-7　监控 PLC 连接情况

自动线通过 MES 完成排产计划工作，主要对线性机械手部分进行排产的计划，所以重点查看 LineRobot 连接 PLC 变量的情况。从图 7-8 中可以看到 MES 与 PLC 连接的变量地址情况。

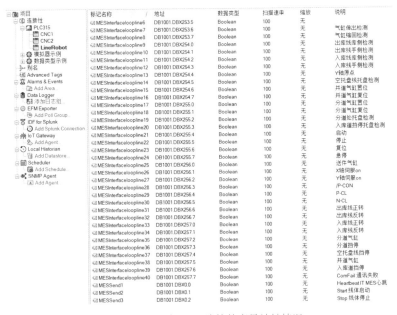

图 7-8　MES 与 PLC 连接的变量地址情况

7.1.1.2 MES 与服务器的对接

MES 需要一台服务器进行生产数据的存储等。

7.1.1.3 MES 运行排产工艺流程

在进行 MES 排产过程中，需要现场各个 PLC 关键反馈节点的信号，包括由 RFID 读取的信号进行工艺流程的梳理，由 MES 系统排产后下发给各个 PLC 完成产量的计数工作，最后汇总到 MES 系统显示当前加工状态。RFID 与 MES 排产接口表如表 7-4 所示。

表 7-4 RFID 与 MES 排产接口表

序号	设备	接口表	读写	备注
1	1 号机器人 R1	1 号机器人开始抓件运行的信号	读	
		1 号机器人把产品放到机运线的信号	读	
		1 号机器人把产品放到机运线之前应该读出产品的条码信号	读	根据条码信号知道哪个托盘条码开始上线
		1 号机器人停止运行的信号	读	
		1 号机器人故障信号	读	
		1 号机器人报警信号	读	
2	2 号机器人 R2	2 号机器人开始抓件运行的信号	读	
		2 号机器人把产品放到机床 1 时应该识别出产品的条码信号，或者机床 1 检测时识别产品的条码	读	把机床 1 检测的结果和产品的条码匹配起来
		2 号机器人停止运行的信号	读	
		2 号机器人故障信号	读	
		2 号机器人报警信号	读	
3	1 号 CNC1 机床	1 号机床检测出产品是否合格的信号	读	信号标识：0 表示检测不合格，1 表示检测合格，2 表示不检测；应该有一个是否检测出结果的标识位；标识位为 1 时，去读检测结果，标识位 1 保持 3 s 后复位 0
		2 号机器人把产品放到机床 1 时应该识别出产品的条码信号，或者机床 1 检测时识别产品的条码	读	把机床 1 检测的结果和产品的条码匹配起来
		1 号机床故障信号	读	
		1 号机床报警信号	读	
4	3 号川崎机器人 1	3 号机器人开始抓件运行的信号	读	
		3 号机器人把产品放到机床 1 时应该识别出产品的条码信号，或者机床 1 检测时识别产品的条码	读	把机床 1 检测的结果和产品的条码匹配起来
		3 号机器人停止运行的信号	读	
		3 号机器人故障信号	读	
		3 号机器人报警信号	读	

序号	设备	接口表	读写	备注
5	2 号 CNC2 机床	2 号机床检测出产品是否合格的信号	读	信号标识：0 表示检测不合格，1 表示检测合格，2 表示不检测；有一个是否检测出结果的标识位：标识位为 1 时，读检测结果，标识位 1 保持 3 s 后复位 0
		3 号机器人把产品放到机床 1 时应该识别出产品的条码信号，或者机床 2 检测时识别产品的条码	读	把机床 2 检测的结果和产品的条码匹配起来
		2 号机床故障信号	读	
		2 号机床报警信号	读	
6	4 号川崎机器人 2	4 号机器人在抓件之前读出产品的条码，根据条码判断产品是否合格	读	
		4 号机器人开始抓件运行的信号	读	
		4 号机器人停止运行的信号	读	
		4 号机器人故障信号	读	
		4 号机器人报警信号	读	
7	AGV	提供 AGV 的开始运行信号	读	
		提供 AGV 的停止运行信号	读	
		提供 AGV 故障信号	读	
		提供 AGV 报警信号	读	
8		控制产线启停的接口表	写	停止指令 0，运行指令 1
9		控制抽检、全检的接口表	写	全检下发指令：0，抽检下发具体的抽检数量，进行合格率计算
10		下发产量的接口表	写	已经和电气工程师协商好，每天可以下发 N 个订单的计划产量

7.1.2　MES 系统使用

　　MES 系统是整个制造系统的核心，在自动生产线原有的基础上，增加 PLC，整合现有的 PC、机器人、机床设备、检测设备和机运设备到一个统一的 MES 系统，进行数据信号的采集、控制，生产计划的制订、下发，库位货位的统一管理，设备状态的实时监控，设备保养计划的制订和智能化管理以及模拟系统的开发设计等，实现实时生产和模拟生产两种功能，并设计实时监控画面到大屏幕显示，便于系统的目视化显示，实现生产与教学的双重目标。

7.1.2.1　MES 的使用方法

　　1. 用户管理

　　用户管理的界面如图 7-9 所示，用户管理主要是管理本系统的使用人员，并且给每个登录的人员分派权限，不同的使用人员有不同的使用权限，具体功能如下：增加用户；删除用户信息；修改用户信息；当用户忘记密码时，可以由管理员恢复密码至原始的123456。

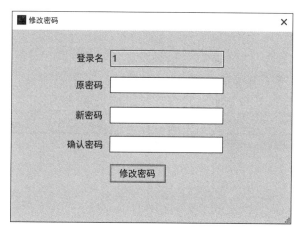

图7-9 用户管理的界面

2. 修改密码

每个用户都可以管理自己的密码，如图7-10所示。

图7-10 修改密码的界面

3. 设备信息管理

设备信息管理主要是管理设备的基本信息，具体功能如下：增加设备信息、删除设备信息、修改设备信息，如图7-11所示。

4. 设备保养管理

设备保养管理主要是管理设备的基本信息，如图7-12所示，具体功能如下：增加设备的保养信息，包含保养内容，保养周期，系统会根据保养周期自动提醒；删除设备的保养信息；修改设备的保养信息。

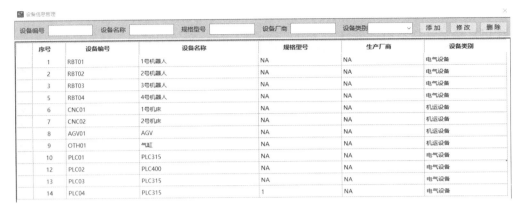

图 7-11 设备信息管理的界面

图 7-12 设备保养管理的界面

5. 设备故障管理

设备故障管理主要是对设备的故障信息进行查询和管理，设备的故障信息来自于底层 PLC 传来的数据，如图 7-13 所示。

图 7-13 设备故障管理的界面

6. 保养计划执行

执行设定的设备的保养计划，如果保养计划过期未执行，以红色显示出来，如果保养计划距离执行小于6天，用浅黄色标识出来，提醒用户执行，如图7－14所示。

图7－14　保养计划执行的界面

单击保养计划的执行计划按钮，弹出执行窗体，如图7－15所示，填写执行的具体内容，提交即可，系统会根据设定的保养计划的时间自动计算下次的保养时间。

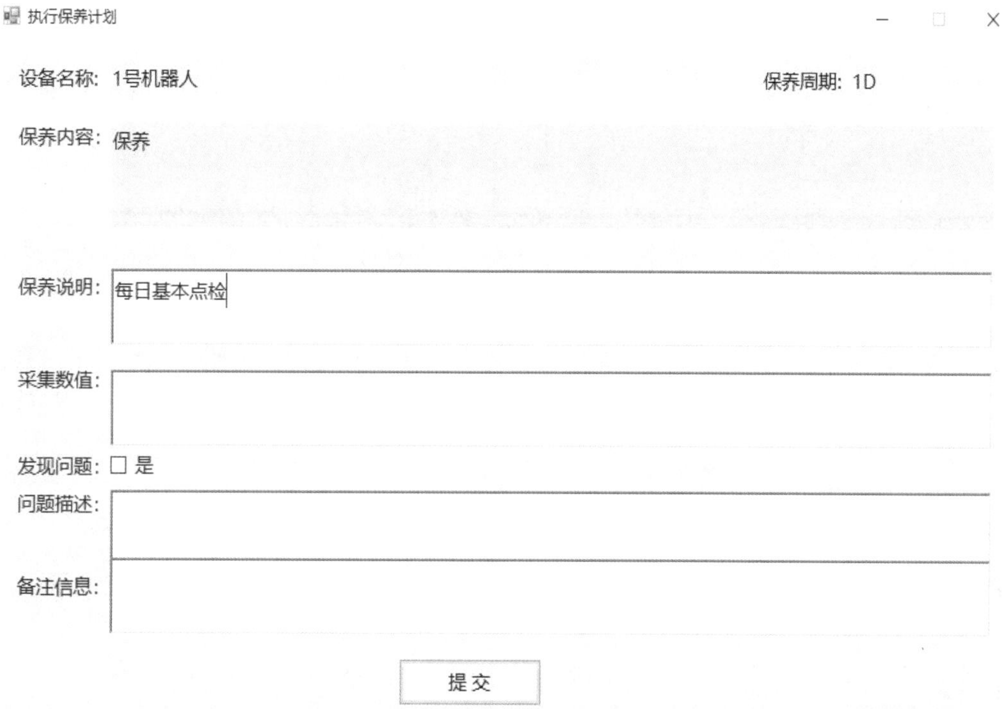

<table>
<tr><td colspan="4">执行保养计划</td><td>—</td><td>□</td><td>×</td></tr>
</table>

设备名称: 1号机器人　　　　　　　　　　　　保养周期: 1D

保养内容: 保养

保养说明: 每日基本点检

采集数值:

发现问题: □ 是

问题描述:

备注信息:

提交

图7－15　执行保养计划的界面

7. 保养计划执行明细查询

可以查看设备保养计划的执行明细情况。

8. 仓库库位管理

仓库库位主要是对仓库的库位进行管理，如图7－16所示，具体功能如下：增加仓库的库位信息，包括库位名称和库位容量信息；删除仓库库位信息；修改仓库库位信息。

图 7-16　仓库库位管理的界面

9. 仓库物料信息管理

仓库物料信息管理主要是对库位存放的物料信息进行管理，如图 7-17 所示，具体功能如下：增加物料信息，包括物料名称、规格型号、物料厂商、物料类别等；删除物料信息；修改物料信息。

图 7-17　仓库物料信息管理的界面

10. 物料存放信息管理

物料存放信息管理主要是对物料存放的库位进行管理，如图 7-18 所示，具体功能如下：选择一个物料信息，选择要存放的库位，输入存放的数量，然后添加；也可以选择物料的存放信息，然后删除。

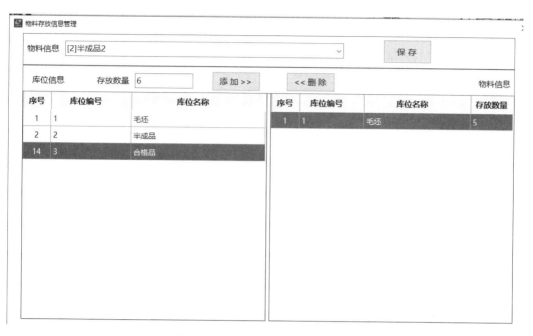

图 7−18　物料存放信息管理的界面

11. 物料库存信息查询

物料库存信息查询，主要是查询物料信息的存放位置，便于进行管理，如图 7−19 所示。

物料编号	物料名称	库位编号	库位名称	库存数量
2	半成品2	1	毛坯	2
1	毛坯1	1	毛坯	1431
2	半成品2	2	半成品	0
1	毛坯1	2	半成品	4
3	合格品	2	半成品	3
			合计:	1440

图 7−19　物料库存信息查询的界面

12. 库位使用情况查询

库位使用情况查询，主要是查询库位的使用情况，便于进行管理，如图 7−20 所示。

库位使用信息查询

库位编号	库位名称	物料编号	物料名称	库存数量
2	半成品	1	毛坯1	4
1	毛坯	1	毛坯1	1431
1	毛坯	2	半成品2	2
2	半成品	2	半成品2	0
2	半成品	3	合格品	3
			合计:	1440

图 7-20　库位使用情况查询的界面

13. 新建计划单

每天生产前，都需要新建计划单，系统根据计划单进行当天的生产，如图 7-21 所示：选择要生产的物料信息；选择要取哪个库位的物料信息；填写物料数量；填写抽检的数量，保存计划单。

新建计划

物料信息 [1]毛坯1　　查询　　抽检数量 2　　保存

库存信息　取料数量 20　　添加 >>　　<< 删除　　物料计划单

序号	库位编号	库位名称	库存数量
9	1	毛坯	1411
6	2	半成品	4

序号	库位编号	库位名称	取料数量
9	1	毛坯	20

图 7-21　新建计划单的界面

14. 管理计划单

对当天还没有执行的计划单进行修改和删除。

15. 查询计划单

查询本系统所有的计划单履历，如图 7-22 所示。

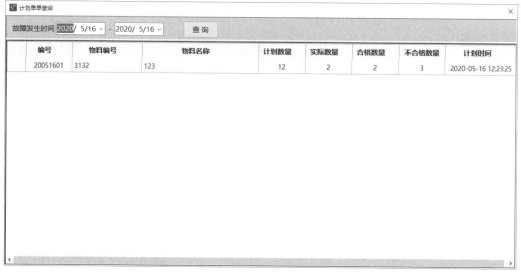

图 7-22 查询计划单的界面

16. 设备主界面背景色

本系统界面的背景色用户可以根据自己的爱好自由定义，可以自由定义渐变色，渐变色的方向等。

17. 设备主界面背景图片

本系统界面的背景也可以是图片，用户可以根据个人爱好选择喜欢的图片等。

任务 7.2　系统调试：整线排产技术及调试

任务描述

　　线体通过 MES 系统进行整线的排产工作，通过下发产量任务，自动线根据计划进行零部件的正常加工，当满足排产产量后则结束当前工作。同时在 MES 系统也可监控自动线的主要环节及通信信号的实时监控。

学前准备

　　1. MES 使用手册；
　　2. KEPServer 软件说明书。

学习目标

　　※ 素质目标：
　　1. 培养安全作业能力及提高职业素养；
　　2. 培养较强的团队合作意识；
　　3. 养成规范的职业行为和习惯。
　　※ 知识目标：
　　1. 能完成对 MES 的主要信号配置监控和查看；
　　2. 能够保存程序、能寻找不丢失；
　　3. 能通过 MES 进行排产计划；
　　4. 能通过 MES 进行自动线的监控。
　　※ 能力目标：
　　1. 具有良好的语言、文字表达能力和沟通能力。
　　2. 能熟练对 MES 进行现场操作。

学习流程

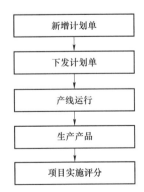

| 新增计划单 |
| 下发计划单 |
| 产线运行 |
| 生产产品 |
| 项目实施评分 |

7.2.1 任务准备

（1）对 KEPServerEX V6 软件进行前期的地址定义，监控各个 PLC 变量是否连接良好。

（2）服务器打开并连接到 MES 主机计算机。

7.2.2 任务实施：MES 系统应用及联调

1. 工作步骤

单击桌面上柳州职院_MES 系统的快捷方式，OPC 服务在电脑启动时自动运行，数据库运行在服务器上，服务器启动时数据库服务自动运行。

常规运行步骤：

（1）新增计划单。

（2）下发计划单。

（3）产线运行。

（4）生产产品。

2. 系统登录

输入用户的登录名 1 和密码 123，登录系统界面如图 7-23 所示。

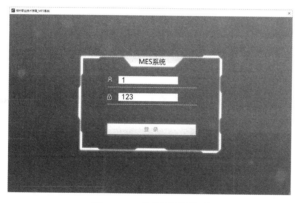

图 7-23 登录系统界面

3. 系统主界面

（1）打开系统的主界面。

（2）页面左上角显示当天的计划单，双击计划单，弹出如图 7-24 所示的提示窗体，提示是否下发。

（3）计划单右边显示的是现场生产线的实时状态，机器人运动时会有相应的动作。

（4）机床会有相应的检测状态显示。

（5）右下角是实时的产量信息。

（6）右下角是实时的设备状态信息。

MES 系统监控界面如图 7-25 所示。

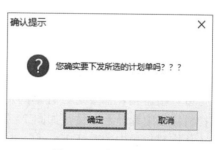

图 7-24 确认下单计划

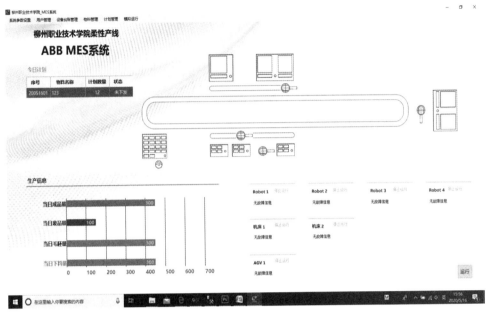

图 7-25　MES 系统监控界面

MES 系统可以查看当前各站点工作是否处于正常状态，如图 7-26 所示。

图 7-26　各站点工作信息界面

4. 订单下发

可以根据具体需要进行订单的定义，在"计划管理页面"中选择"新建计划单"，在物料信息中选择毛坯件，如图 7-27 所示。

从物料信息中的毛坯 1，可以进行各种选择操作，如图 7-28 所示。

下发完成后可以看到当前的计划数量等情况，如图 7-29 所示。

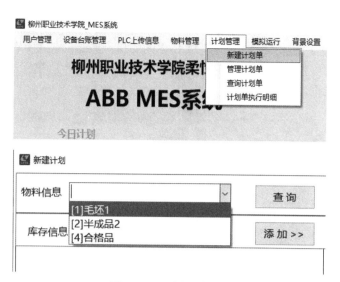

图7-27 计划订单界面

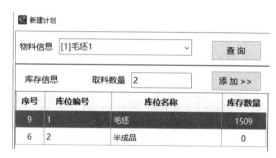

图7-28 物料信息界面

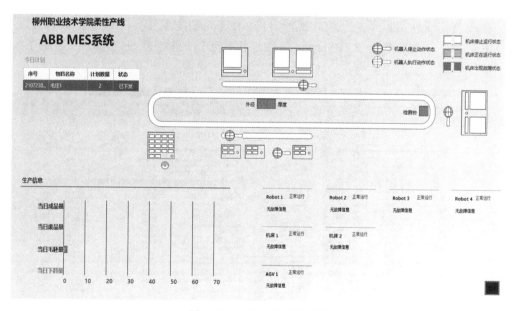

图7-29 计划情况监控界面

订单的数量等信息，经过 KEPServer 软件可以与线性机械手 PLC300 地址进行对接，如图 7-30 所示，实现 MES 系统与 PLC 之间的排产数据对接，所有的数据均靠 OPC 进行连接，主要的零件等信息通过 RFID 读取信息后与排产计划数据进行分析，按照工艺要求进行控制过程。

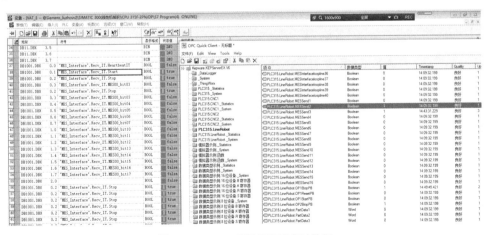

图 7-30　线性机械手 PLC300 地址

在线监控线性机械手 PLC300 地址对应 MES 系统的变量实时数据，可以直观了解 MES 软件内地址通过 KEPServer 软件连接到 PLC 地址的在线情况，如图 7-31 所示。

图 7-31　MES 系统的变量实时数据

订单实施后可以查看执行明细，如图7-32所示。

计划单号	编号	物料编号	计划数量	实际数量	合格数量	不合格数量	机器人1时间	机器人1编号	机器人2时间	机器人2编号	机器人3时间	机器人3编号	机器人4时间	机器人4编号	产品下线时间	产品下线编号	机床1时间	机床1编号	机床1检测结果	机床2时间
2208130002	0	毛坯1	0	1	1	0									14:32:48	0				
2208130002	0	毛坯1	0	1	1	0	14:32:48	0												
2208130003	0	毛坯1	0	1	0	1			15:15:34						15:15:34					
2208130003		毛坯1	0	1	0	1											15:23:50	42	1	
2208130003	0	毛坯1	0	1	0	1	15:15:34	0												
2208130004	0	毛坯1	0	1	0	1			15:32:23						15:32:22	0				
2208130004		毛坯1	0	1	0	1											15:40:39	42	1	
2208130004	0	毛坯1	0	1	0	1	15:32:23	0												
2208140001	0	毛坯1	0	1	0	1									09:00:51	0				
2208140001	0	毛坯1	0	1	0	1	09:00:51	0												
2208140002	0	毛坯1	0	1	0	1			09:06:52						09:06:52	0				
2208140002		毛坯1	0	1	0	1											09:15:09	42	1	
2208130001		毛坯1	0	1	1	0											14:35:45	42	1	
2208140007	0	毛坯1	20	20	6	14	09:44:45	0	11:04:00						15:53:20	0				
2208140007		毛坯1	20	20	6	14											09:53:02	42	1	
2208140007	0	毛坯1	20	20	6	14	11:04:00	0	11:04:00						15:53:20	0				
2208140007		毛坯1	20	20	6	14											11:12:18	42	1	
2208190001		毛坯1	30	1	0	1														17:57:51
2208190001	0	毛坯1	30	1	0	1					17:49:30		17:49:34							
2208190001	0	毛坯1	30	1	0	1	17:49:34	0												
2208190001	127	毛坯1	30	1	0	1			17:49:53								17:58:20	127	1	
2208140007		毛坯1	20	20	6	14											13:11:01	42	1	
2208140007		毛坯1	20	20	6	14											13:11:13	42	1	

图7-32 执行明细

7.2.3 任务评价

项目实施评分表见表7-5。

表7-5 项目实施评分表

序号	项目评分标准	分值	自评分	教师评分	存在问题记录及分析
1	对 KEPServerEX V6 软件进行前期的地址定义是否正确	20			
2	服务器打开并连接到 MES 主机计算机是否正确	10			
3	新增计划单是否正确	20			
4	下发计划单是否正确	20			
5	产线运行是否正确	10			
6	生产产品是否正确	10			
7	职业素养	10			
	总分	100			

任务 7.3 运行维保：生产管理 MES 系统日常点检

任务描述

生产管理系统的日常点检是使用设备持续保持 MES 设备安全正常工作的必备环节。设备在使用前后需要进行班前和班后的日常点检。

学前准备

1. 计算机保养手册；
2. 点检文件。

学习目标

※ 素质目标：
1. 养成规范的职业行为和习惯；
2. 养成执行工作严谨、认真的过程细节。

※ 知识目标：
1. 熟悉生产线 MES 设备日常保养的内容、方法和手段；
2. 能对 MES 工作站进行日常点检作业。

※ 能力目标：
1. 具有良好的语言、文字表达能力和沟通能力；
2. 具有本专业必需的信息技术应用和维护能力。

学习流程

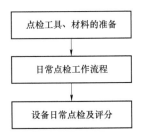

7.3.1 任务准备

点检，是按照一定标准、一定周期，对设备规定的部位进行检查，以便早期发现设备故障隐患，及时加以修理调整，使设备保持其规定功能的设备管理方法。设备点检制不仅仅是一种检查方式，更是一种制度和管理方法。

7.3.1.1 点检工具、材料准备

点检所需要的日常工具和材料包括：

（1）清洁工具、材料：扫帚、毛巾、清洁剂等。

（2）个人防护用品：工作服、防水胶手套。

7.3.1.2 日常点检工作流程

主要是在班前和班后进行：检查、清扫。当 MES 计算机进行维修和检查时，确认主电源已经关闭，按照如下流程进行点检：

（1）开机前的检查。

（2）填写设备点检表。

（3）班后设备清扫。

（4）工具归位（按"5S"定置）。

（5）填写设备交接班记录表。

7.3.2 任务实施：生产管理系统日常点检作业

设备日常点检作业是指岗位生产人员（设备操作人员），每天根据设备日常点检标准书，对重要设备关键部位的声响、振动、温度、油压等运行状况，通过人的感官进行的检查，并将检查结果记录在设备点检表中的工作。大部分点检内容通常班前按《设备日常点检作业标准》进行，如表 7-6 所示。

表 7-6　设备点检内容

感官	检查部位	检查内容
眼看	清洁台面	计算机有无污染等
耳听	异响声	计算机是否有噪声，有无异响
鼻闻	烧焦味	计算机有无因过热或短路引起的火花，或绝缘材料被烧坏等

日常点检流程如图 7-32 所示。

MES 设备正常的安全机构是保证人身安全的前提，MES 检查应纳入日常点检范围内，MES 安全使用要遵循以下原则：不随意搬动、不随意改造、不随意拆除、操作规范。

1. MES 日常检查内容

（1）MES 计算机外观的检查，包括控制柜台面按钮和急停开关。

（2）MES 服务器的检查。检查方法：查看有无污损，有无破损。每天都应该进行设备的点检，内容如表 7-7 所示。

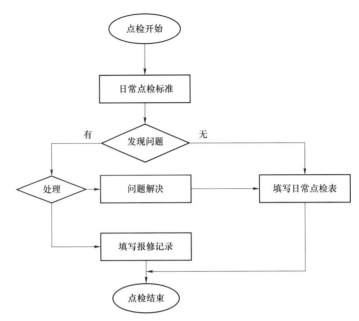

图 7-32　日常点检流程

表 7-7　TPM 标准点检表——MES 设备

项目：机器人工位			操作者 A 班： B 班：	零件简称/图号： （　　　　　　　）	日期：	
序号	系统	检查点		检查/维护内容	检查标准	A 班	B 班
1	MES 计算机	MES 主机	计算机	MES 计算机外观	有无损坏、油污等		
				MES 计算机位置	有无搬动等		
				MES 计算机功能	能否正常开机并连接		
		服务器主机	服务器	MES 服务器外观	有无损坏、油污等		
				MES 服务器位置	有无搬动等		
				MES 服务器功能	能否正常开机并连接		
2	签章	操作者签章		操作者对以上内容检查无误后，签字确认			
		项目负责机修 签章		项目负责机修查看是否有需要维修的项目，并签章 确认			
		班组长/技术员签章		项目负责技术员/班组长每周检查一次，并签章 确认			
	备注：1. 点检标记："○"表示正常；"△"表示可以使用，但需要维修；"×"表示不能工作，维修解决，班组长跟踪；"⊗、⬙"表示已修复。 2. 本工位不适用的，在空白框内填"N/A"。 3. 机修、班组长、技术员检查操作者点检情况，并在相应的位置签字确认。 4. 每周检查的项目，在相应的空白框内填写点检标记，并填写检查者的姓名及日期。						

7.3.3 任务评价

按照设备日常点检表格进行逐项位置点检，根据机器人工作站点检项目实施评分表 7-8 进行评定。

表 7-8　MES 工作站点检项目实施评分表

序号	项目评分标准	分值	自评分	教师评分	存在问题记录及分析
1	MES 计算机外观点检是否逐一完成	15			
2	MES 计算机位置点检是否逐一完成	15			
3	MES 计算机功能点检是否逐一完成	15			
4	MES 服务器外观点检是否逐一完成	15			
5	MES 服务器位置点检是否逐一完成	15			
6	MES 服务器功能点检是否逐一完成	15			
7	职业素养	10			
总分		100			

课后作业

1. 填空题

（1）本自动线中的 MES 系统，主要环节是做_____计划的。

（2）MES 软件即制造企业的_____软件。

（3）KEPServer 是一款_____服务器软件，实现了 OPC 标准接口，可以通过 KEPServer 和设备进行通信。

（4）MES 系统是整个制造系统的核心，在自动生产线原有的基础上，增加 PLC，整合现有的 PC、机器人、机床设备、检测设备和机运设备到一个统一的 MES 系统，进行数据信号的_____、_____，_____的制订、下发，库位货位的统一管理，设备状态的实时监控，设备保养计划的制订和智能化管理以及模拟系统的开发设计等。

（5）MES 系统排产常规运行步骤：_____、_____、_____、_____。

2. 简答题

（1）MES 是什么？MES 在自动线中起到什么作用？

（2）KEPServer 软件在 MES 系统中起到什么作用？

（3）MES 系统的平台结构由哪些软硬件构成？

项目 8　柔性生产线的虚拟孪生系统调试

项目引入

生产线产品更新换代需要重新调试现场机器人和 PLC 等设备程序，目前利用数字孪生技术完成现有线体调试是速度最快、最安全、最高效的方法，也是企业最先进调试方法之一，本项目使用西门子数字孪生虚拟调试 Process Simulate 软件平台，搭建现场柔性生产线虚拟三维模型生产线体，使用运动学编辑器完成机床开关安全门、线性移动导轨机构、物料传动带等设备动作机构定义，使用控件模块完成线体接近传感器、控制逻辑块定义，根据线体工序流程定义虚拟物料流，并通过 OPC 软件实现真实 PLC 与虚拟生产线之间虚实联调。柔性生产线机器示意图如图 8-1 所示。

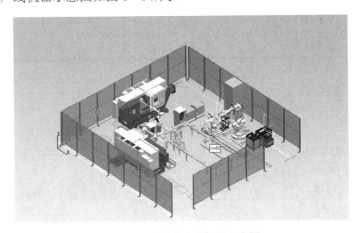

图 8-1　柔性生产线机器示意图

本项目是在已经掌握整条柔性生产线组网与控制内容基础下进行的，前期项目已经完成整条线体硬件组成、线体所有 PLC 的硬件组态配置、PLC 控制自动生产线线体内容，完成了本站点即可完成整条生产线虚实联调工作，也为生产线运行与维护做准备。本项目在课程中的位置如图 8-2 所示。

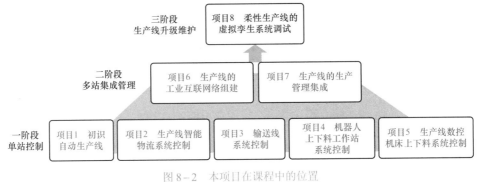

图 8-2　本项目在课程中的位置

项目学习目标

※ 素质目标：

1. 培养生产过程控制实施，节约生产成本，提高生产效率意识；
2. 培养安全作业能力及提高职业素养；
3. 培养较强的团队合作意识；
4. 养成规范的职业行为和习惯；
5. 养成执行工作严谨、认真的过程细节。

※ 知识目标：

1. 掌握数字孪生技术、虚拟调试技术；
2. 掌握虚拟运动机构定义；
3. 掌握虚拟设备操作定义；
4. 掌握物料流；
5. 掌握 OPC 服务器定义与使用；
6. 掌握虚实联调步骤和方法。

※ 能力目标：

具有探究学习、终身学习、分析问题和解决问题的能力。

学习任务

任务1　技术准备：西门子数字孪生虚拟仿真软件使用
任务2　虚拟调试：柔性生产线孪生模型构建与调试
依托企业项目载体：柳州工程机械股份有限公司装载机挡圈零部件加工生产线。

学习导图

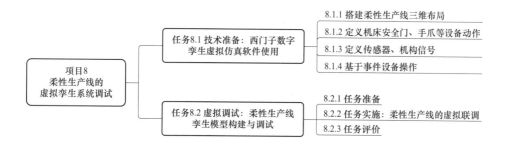

标准链接

★ 项目技能对应的职业证书标准、对接比赛技能点以及其他相关参考标准如表 8-1～表 8-3 所示。

表 8-1　对应 1+X 证书标准

序号	对标 1+X 证书	扫描二维码查看
1	1+X 证书"智能制造生产线集成应用职业技能等级标准"（2021 年版）	
2	1+X 证书"智能制造单元集成应用职业技能等级标准"（2021 年版）	

表 8-2　对接比赛技能点

序号	全国职业技能大赛	对应比赛技能点内容
1	2021 年全国职业技能大赛 GZ-2021021"工业机器人技术应用"赛项规程及指南	1）六轴关节型工业机器人单元； 2）装配作业流水线单元； 3）主控系统单元； 4）以太网交换机
2	2021 年全国职业技能大赛 GZ-2021018"机器人系统集成"赛项规程及指南	1）任务一　系统方案设计（4%）； 2）任务四　机器人系统集成（20%）

表 8-3　其他相关参考标准

序号	标准及规范	编码
1	可编程控制系统设计师国家职业标准	职业编码 X2-02-13-10
2	维修电工国家职业标准	职业编码 6-07-06-05
3	工业机器人安全规范	GB 11291—1997

任务 8.1　技术准备：西门子数字孪生虚拟仿真软件使用

8.1.1　搭建柔性生产线三维布局

任务描述

本系统基于型号为 IRB 2600 的 ABB 工业机器人，需要完成工业机器人的 I/O 通信配置，编写物料搬运程序，进行自动运行设置，建立 PLC 与机器人之间的 PROFINET 通信连接，实现 PLC 控制工业机器人自动搬运物料的系统组建，如图 8-3 所示。

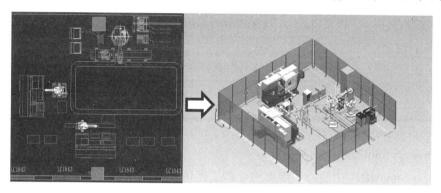

图 8-3　根据 2D 布局图完成 3D 线体布置

学前准备

1. Process Simulate 的软件与虚拟调试介绍；
2. Process Simulate 的安装；
3. Process Simulate 的基本使用。

学习目标

※ 素质目标：
1. 培养生产过程控制实施，节约生产成本，提高生产效率意识；
2. 培养安全作业及职业素养要求；
3. 养成规范的职业行为和习惯。

※ 知识目标：
1. 能对 Process Simulate 软件进行基本操作；
2. 能完成柔性生产线的三维布局；

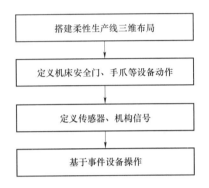

3. 能对柔性生产线仿真环境的设备进行机构动作定义及信号设置；

4. 能对柔性生产线进行虚拟调试。

※ 能力目标：

1. 具有探究学习、终身学习、分析问题和解决问题的能力；

2. 具有本专业必需的信息技术应用和维护能力。

学习流程

```
搭建柔性生产线三维布局
        ↓
定义机床安全门、手爪等设备动作
        ↓
定义传感器、机构信号
        ↓
基于事件设备操作
```

8.1.1.1 学前准备

1. Process Simulate 的软件与虚拟调试介绍

1）Process Simulate 的软件平台

Process Simulate：由西门子推出的一款工艺仿真解决方案，可促进企业范围内的制造过程信息协同与共享，减少制造规划工作量和时间，在虚拟环境中早期验证生产试运行及通过在整个过程生命周期中模仿现实过程，提高了过程质量。它由零部件制造，装配规划，资源管理，工厂设计与优化，人力绩效，产品质量规划与分析，生产管理等核心软件构成。通过安装和生产之前在虚拟环境中调试 PLC 编程优化自动化系统。Process Simulate 的软件平台如图 8-4 所示。

2）虚拟调试概念

虚拟调试技术是利用数字孪生虚拟技术把真实环境下生产设备甚至整条生产线 1:1 地复制到虚拟数字世界中，系统工程师或终端用户可以通过交互式三维可视化查看系统的实际行为（见图 8-5）。虚拟调试存在以下优点：

首先，更早地发现编程错误和逻辑问题等棘手情况，无须等设备在物理环境中安装完成。最大限度地避免真实物理环境下的碰撞等错误，从而降低昂贵的修改成本。

其次，调试整体环节所需的时间显著缩短，交货时间总体缩短 20%左右。

目前虚拟调试步骤如下：

首先，工程师需要规划好生产线的布局和设备资源。布局搭建后，需验证布局（Layout Commissioning），例如可达性（Reachability）和碰撞（Collision）。

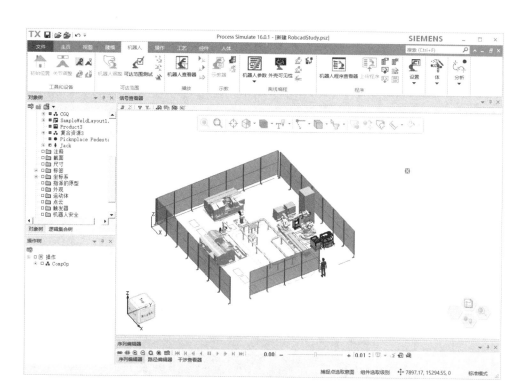

图 8-4 Process Simulate 的软件平台

图 8-5 虚拟调试案例

其次，工程师应优化机器的动作流程。集成好数据模型后，下一步是工艺仿真程序，分析加工的路径与工艺参数，对机器人或机床设备编程验证。

最后，进入调试阶段，接入机电信号，与电器行为同时调试验证，如传感器、阀门、PLC 程序和 HMI 软件等。

2. Process Simulate 的软件安装步骤（单机版）

安装步骤如表 8-4 所示。

表 8 – 4 安装步骤

操作流程	操作说明	示意图
1	进入解压好的文件夹 CD16.0.1_Tecnomatix	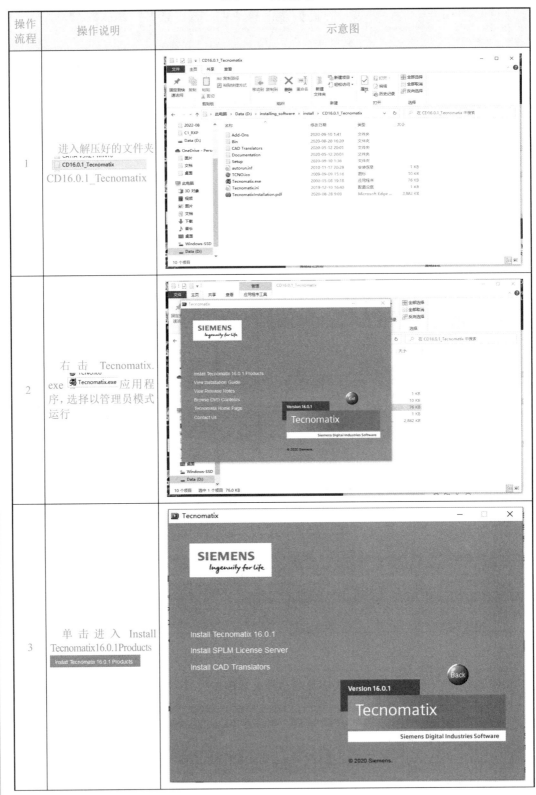
2	右击 Tecnomatix.exe 应用程序,选择以管理员模式运行	
3	单击进入 Install Tecnomatix16.0.1Products	

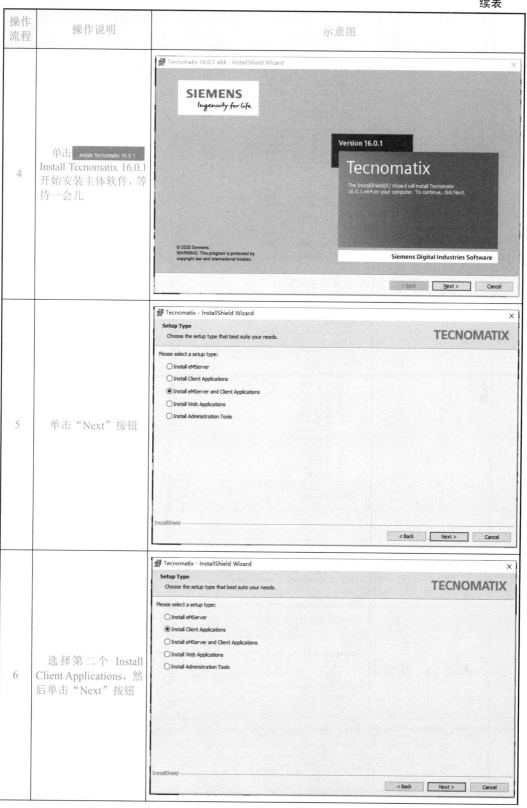

操作流程	操作说明	示意图
4	单击 Install Tecnomatix 16.0.1 开始安装主体软件，等待一会儿	
5	单击 "Next" 按钮	
6	选择第二个 Install Client Applications，然后单击 "Next" 按钮	

学习笔记

操作流程	操作说明	示意图
7	单击 Change 可以选择装软件的位置，若不需要更改位置，可直接单击"Next"按钮	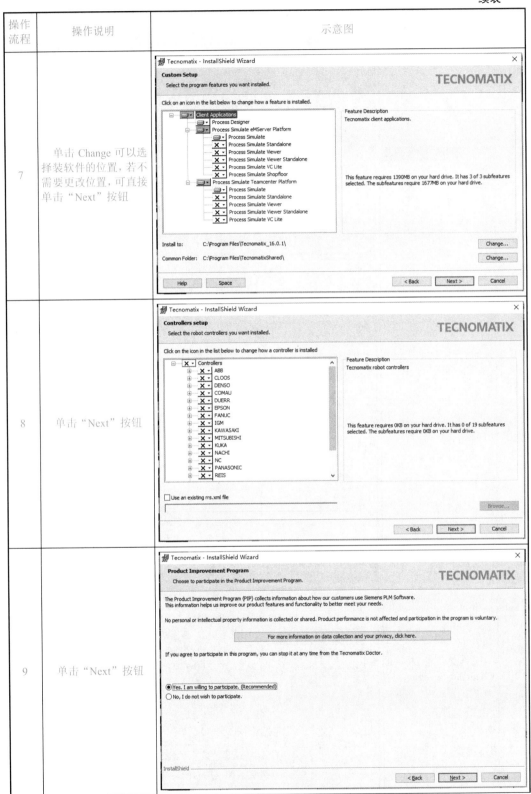
8	单击"Next"按钮	
9	单击"Next"按钮	

操作流程	操作说明	示意图
10	单击"Next"按钮	
11	单击"Next"按钮	
12	单击"Next"按钮	

操作流程	操作说明	示意图
13	单击 "Install" 按钮等待安装完毕	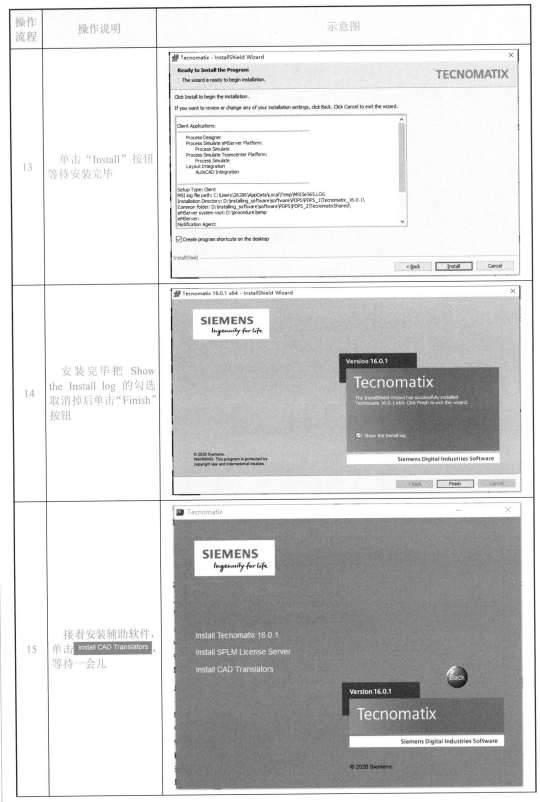
14	安装完毕把 Show the Install log 的勾选取消掉后单击"Finish"按钮	
15	接着安装辅助软件，单击 Install CAD Translators，等待一会儿	

操作流程	操作说明	示意图
16	单击"Next"按钮	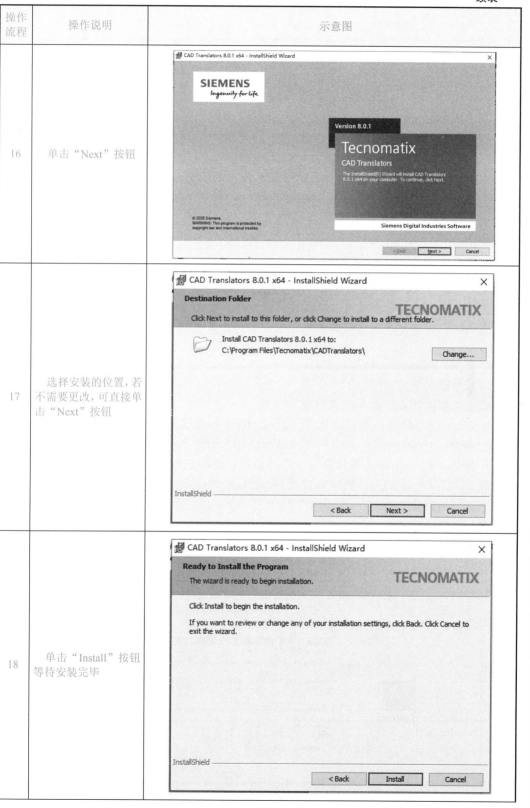
17	选择安装的位置，若不需要更改，可直接单击"Next"按钮	
18	单击"Install"按钮等待安装完毕	

操作流程	操作说明	示意图
19	单击"Finish"按钮	

小贴士

党的二十大报告中提出，教育、科技、人才是全面建设社会主义现代化国家的基础性、战略性支撑。必须坚持科技是第一生产力、人才是第一资源、创新是第一动力，深入实施科教兴国战略、人才强国战略、创新驱动发展战略，开辟发展新领域新赛道，不断塑造发展新动能新优势。

知识拓展

3. Process Simulate 的基本使用

（1）数据类型。

数据类型包括 4 个基本工艺对象：

1. 产品（Product）：是依据电子工艺单 eBOP 制造工艺所生产的对象；

2. 操作（Operation）：是指生产产品所执行的步骤序列；

3. 资源（Resource）：是指在生产产品所执行操作的对象，如机器、工具和工人；

4. 制造特征（MFG）：制造特征是 Manufacturing Features 的缩写，它用于表示零件与生产之间的特殊关系。

（2）软件界面认知。

（3）打开项目步骤（见表 8-5）。

表 8-5　打开项目步骤

操作流程	操作说明	示意图
1	双击桌面图标打开 Process Simulate 软件	

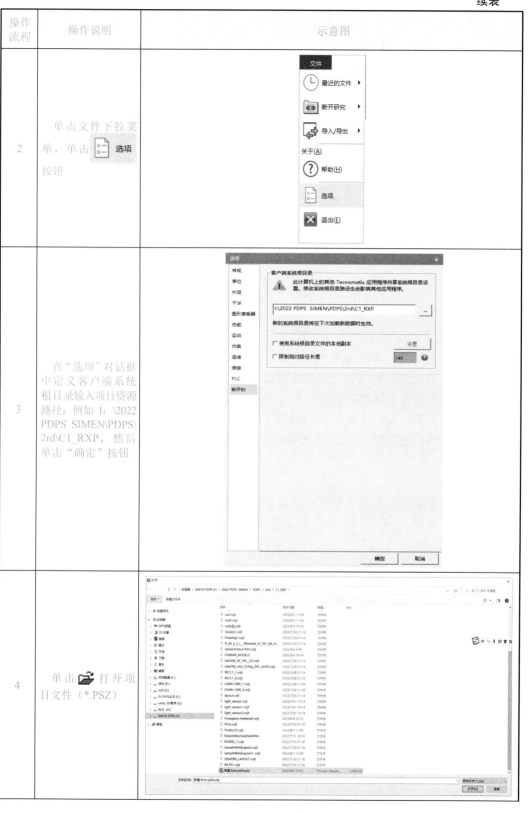

操作流程	操作说明	示意图
2	单击文件下拉菜单，单击 选项 按钮	
3	在"选项"对话框中定义客户端系统根目录输入项目资源路径：例如 I：\2022 PDPS SIMEN\PDPS\2rd\C1_RXP，然后单击"确定"按钮	
4	单击 打开项目文件（*.PSZ）	

操作流程	操作说明	示意图
5	完成项目文件打开	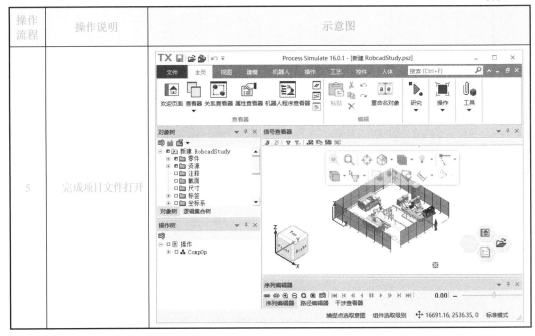

8.1.1.2 搭建柔性生产线三维布局

此步骤目的是对机器人进行网络中地址的确定，是机器人与 PLC 进行 PROFINET 通信中对机器人进行配置的步骤。

在二维布局图的基础上使用对象移动工具在"图形查看器"窗口对工位资源进行摆放，完成工位的资源三维布局，对象移动工具包括"放置操控器"按钮 和"重定位"按钮 。

1. 放置操控器工具

在图形查看器窗口单击"放置操控器"按钮 或使用快捷键"Alt＋P"就会弹出"放置操控器"对话框，"放置操控器"可以实现对象在 X、Y、Z 方向的平移和旋转定位，如图 8－6 所示。

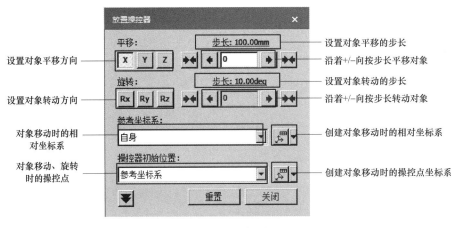

图 8－6　放置控制器

（1）"平移"选项："平移"选项的"X""Y""Z"按钮可以设置对象平移的方向。

（2）"旋转"选项："旋转"选项的"Rx""Ry""Rz"按钮可以设置对象旋转的方向。

（3）"参考坐标系"选项："参考坐标系"下拉菜单可以设置对象放置的参考坐标系。

（4）"操控器初始位置"选项："操控器初始位置"下拉菜单可以设置对象放置的操控点。

（5）"步长"设置："步长"设置可以改变对象移动的步长，实现精确移动或者旋转。

2. 重定位工具

在图形查看器窗口单击"重定位"按钮 或使用快捷键"Alt＋R"就会弹出"重定位"对话框，"重定位"可以实现对象从起始坐标到终点坐标的定位移动，如图 8-7 所示。

（1）"对象"选项："对象"选项窗口可以选择多个需要进行重定位移动的对象。

（2）"从坐标"选项："从坐标"下拉菜单可以选择对象移动的起始坐标。

（3）"到坐标系"选项："到坐标系"下拉菜单可以选择对象移动的目标坐标系。

（4）"复制对象"选项："复制对象"复选框勾选后，对象会复制一份到目标位置。

（5）"保持方向"选项："保持方向"复选框勾选后，在移动的过程中，被移动对象的方向姿态保持不变。

（6）"平移仅针对"选项："平移仅针对"复选框勾选后，对象仅改变勾选的方向姿态。

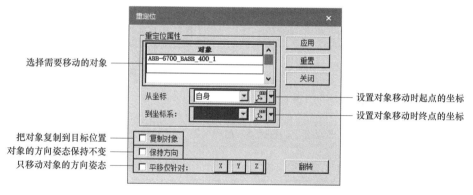

图 8-7　重定位工具

3. 仿真环境资源的三维布局

使用对象移动工具"放置操控器"按钮 和"重定位"按钮 ，根据二维布局进行仿真环境资源的三维布局。

8.1.2　定义机床安全门、手爪等设备动作

1. 设备动作定义

1）Process Simulate 中的运动学定义

Process Simulate 中的运动学定义是将在虚拟环境中再现真实环境各个设备在工艺过程中的各种动作姿态运动机构，Process Simulate 中设备运动学的工具是"Kinematics Editor"，当我们将设备的模型设置成建模状态后，就可以用它来进行运动学的定义。定

义设备的运动学是一个过程，需要创建链接和关节的运动学链。运动学链的顺序是由链节之间的关系确定的。各种曲轴结构分类如图8-8所示。

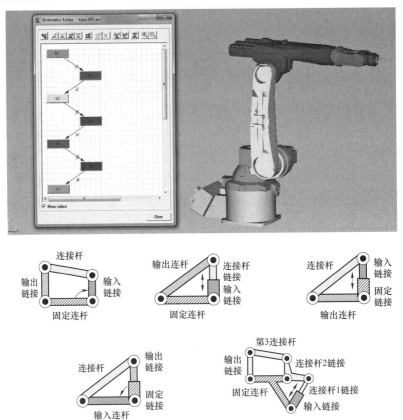

图8-8　各种曲轴结构分类

2）定义机床安全门开关动作（见表8-6）

表8-6　定义机床安全门开关动作操作步骤

序号	操作说明	示意图
1	选中机床组件，单击主菜单"建模"→"设置建模范围"使机床组件处于可编辑状态	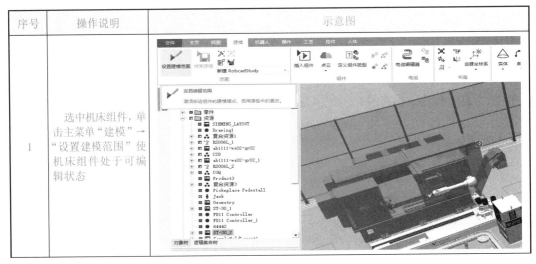

序号	操作说明	示意图
2	单击主菜单"建模"→"运动学编辑器",单击创建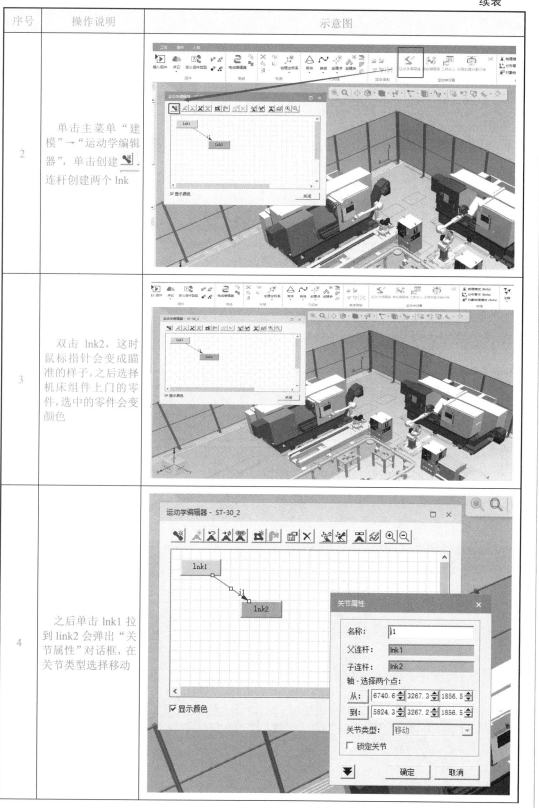连杆创建两个 lnk	
3	双击 lnk2,这时鼠标指针会变成瞄准的样子,之后选择机床组件上门的零件,选中的零件会变颜色	
4	之后单击 lnk1 拉到 link2 会弹出"关节属性"对话框,在关节类型选择移动	

序号	操作说明	示意图
5	在操作树找到刚刚创建的操作	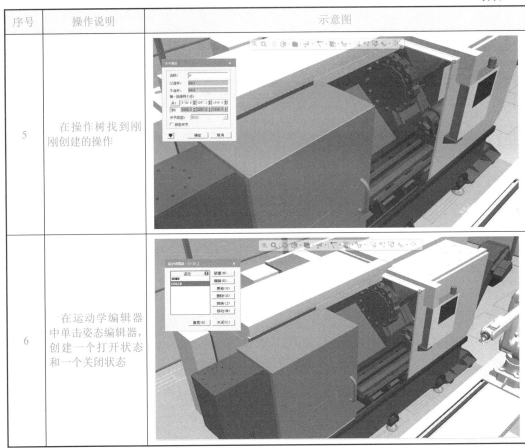
6	在运动学编辑器中单击姿态编辑器，创建一个打开状态和一个关闭状态	

2. 利用同样方法定义机器人行走轴机构

行走轴的编辑方式和机床安全门相似，如图8-9所示。

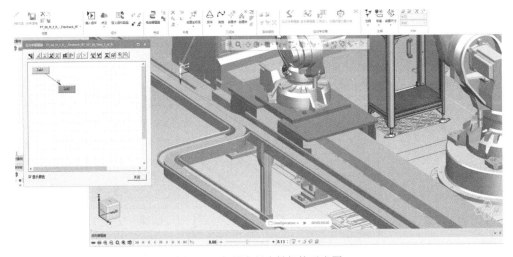

图8-9　机器人行走轴机构示意图

3. 机器人手爪定义（见表8-7）

表8-7　机器人手爪定义

序号	操作说明	示意图
1	选中需要编辑的爪手，设置成建模模式，打开运动编辑器	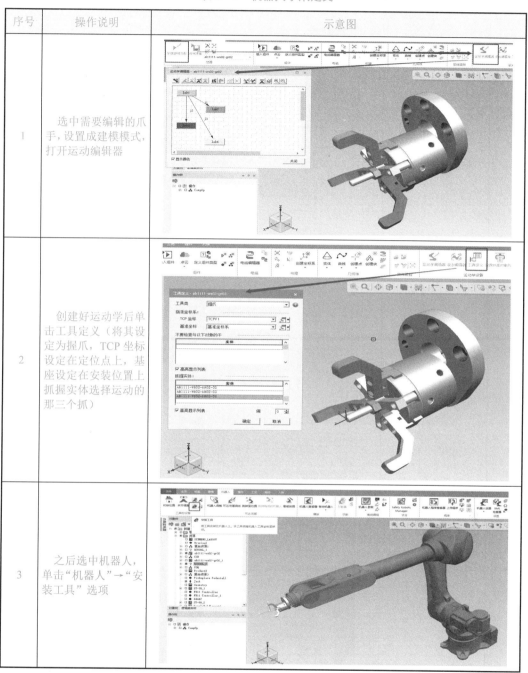
2	创建好运动学后单击工具定义（将其设定为握爪，TCP坐标设定在定位点上，基座设定在安装位置上抓握实体选择运动的那三个抓）	
3	之后选中机器人，单击"机器人"→"安装工具"选项	

8.1.3　定义传感器、机构信号

1. 信号创建

信号创建操作流程如表8-8所示。

表 8-8 信号创建操作流程

操作流程	操作说明	示意图
1	在建模模式下单击"控件"→"创建逻辑块姿态操作和传感器"选项	
2	将要定义的动作打上钩，创建并连接信号，勾上信号就创建完成了	

8.1.4 基于事件设备操作

配置机器人 I/O 操作流程如表 8-9 所示。

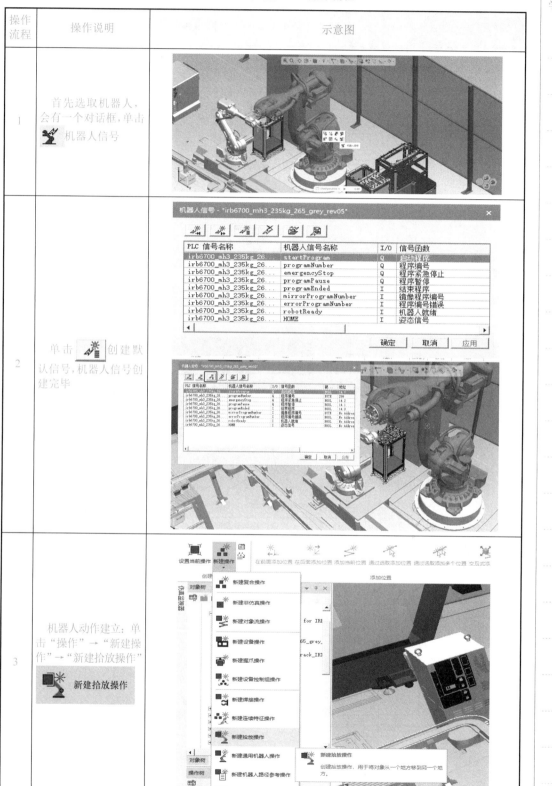

表 8-9　配置机器人 I/O 操作流程

操作流程	操作说明	示意图
1	首先选取机器人，会有一个对话框，单击 机器人信号	
2	单击 创建默认信号，机器人信号创建完毕	
3	机器人动作建立：单击"操作"→"新建操作"→"新建拾放操作" 新建拾放操作	

学习笔记

操作流程	操作说明	示意图
4	选取抓取点和放置点后单击"确定"按钮	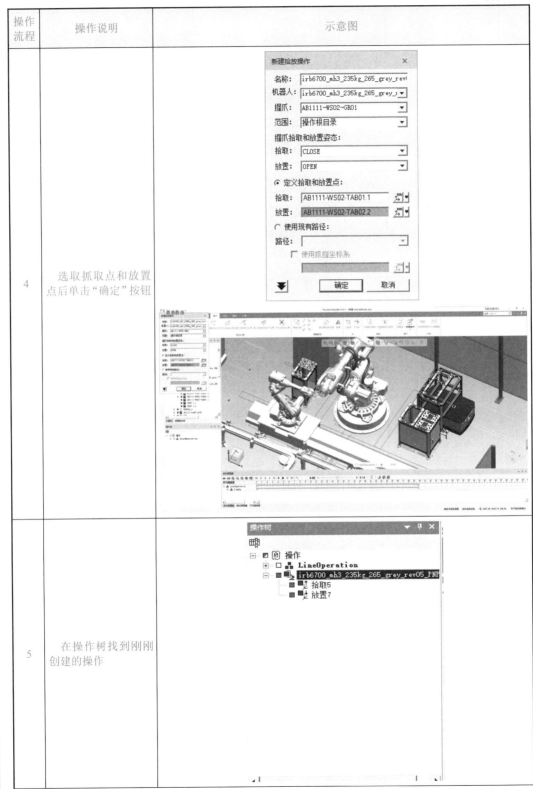
5	在操作树找到刚刚创建的操作	

操作流程	操作说明	示意图
6	将刚刚创建的操作放入路径编辑器中,选中操作再单击 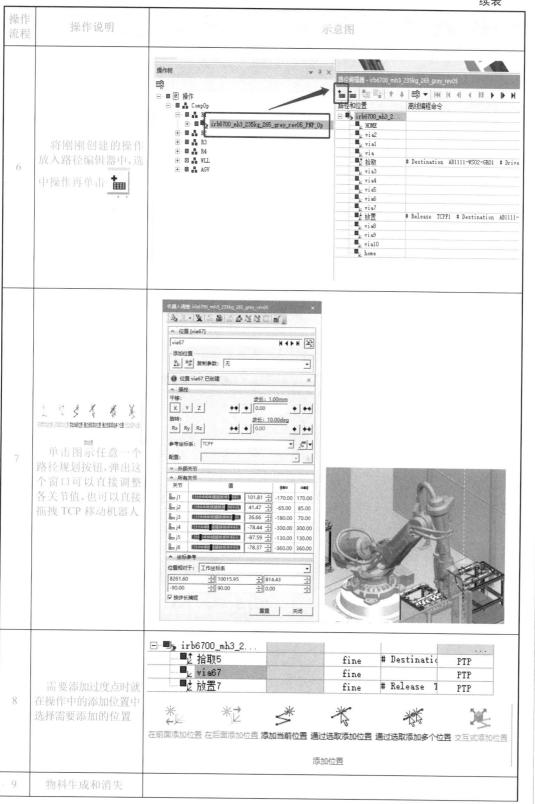	
7	单击图示任意一个路径规划按钮,弹出这个窗口可以直接调整各关节值,也可以直接拖拽 TCP 移动机器人	
8	需要添加过度点时就在操作中的添加位置中选择需要添加的位置	
9	物料生成和消失	

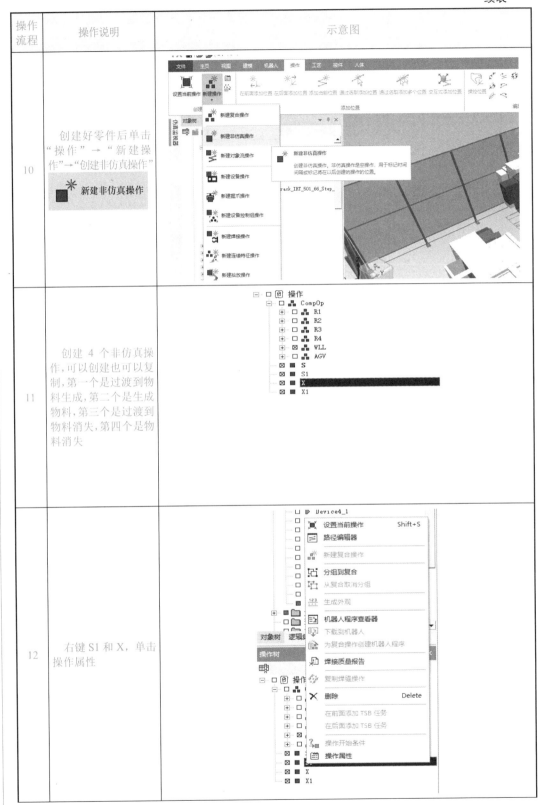

操作流程	操作说明	示意图
10	创建好零件后单击"操作"→"新建操作"→"创建非仿真操作" ■※ 新建非仿真操作	
11	创建 4 个非仿真操作，可以创建也可以复制，第一个是过渡到物料生成，第二个是生成物料，第三个是过渡到物料消失，第四个是物料消失	
12	右键 S1 和 X，单击操作属性	

操作流程	操作说明	示意图
13	单击产品后选中需要操作的零件,然后单击"确定"按钮	属性·LX 常规 时间 资源 产品 产品实例 S WLTP1_1 产品原型 S 确定 取消
14	选中刚刚创建的 4 个非仿真操作后,单击"控件"→在操作信号中找到"创建非仿真信号" 后会生成 4 个操作它们的信号	信号查看器 信号名称 内存 类型 S_start BOOL LX_start BOOL LX1_start BOOL LX2_start BOOL C_start BOOL X_start BOOL X1_start BOOL X2_start BOOL SampleWeldLayout1._mtp_HOME BOOL SampleWeldLayout1._at_HOME BOOL SampleWeldLayout1._mtp_OPEN BOOL SampleWeldLayout1._at_OPEN BOOL Geometry_Op_start BOOL Geometry_Op1_start BOOL AB1111-WS02-TAB02.2_mtp_OPEN BOOL
15	将这附件下的 4 个非仿真信号设为当前操作,然后在序列编辑器中找到过渡,在里边编辑信号	序列编辑器 序列编辑器 资源 分支类型 过渡 0 0.5 1.0 1.5 2.0 TP S LX LX1 LX2 0.00
16	双击过渡的 ‡ 图标会弹出这个界面	过渡编辑器 - S 公共条件: S_end 编辑条件... 操作 分支类型 条件 确定 取消

学习笔记

操作流程	操作说明	示意图
17	单击编辑条件，将其自身的启动信号编辑为上升沿进入，单击"确定"就可以了，其余三个也是如此操作	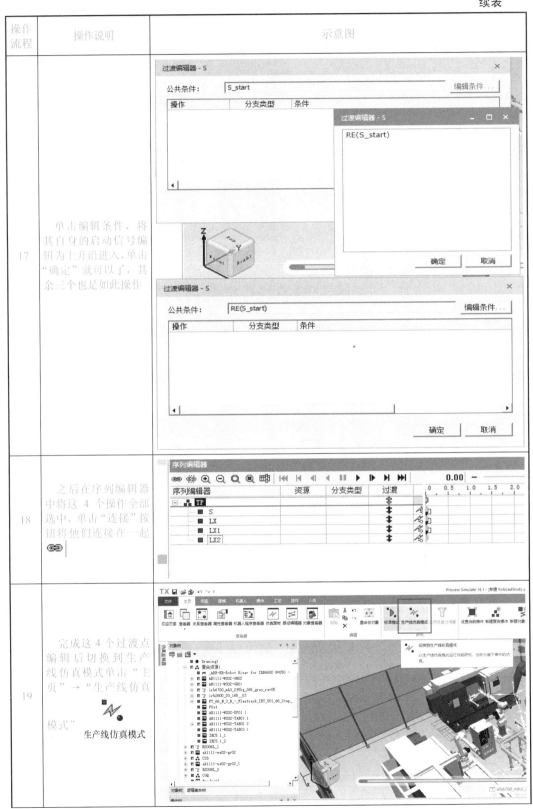
18	之后在序列编辑器中将这 4 个操作全部选中，单击"连接"按钮将他们连接在一起	
19	完成这 4 个过渡点编辑后切换到生产线仿真模式单击"主页"→"生产线仿真模式" 生产线仿真模式	

操作流程	操作说明	示意图
20	切换完成后单击"查看器"，找到物料流查看器单击	
21	打开物料流查看器后将创建的 4 个非仿真操作拖进去	
22	单击新建物料流连接，将这 4 个操作连起来就可以了	
23	之后需要第一个信号是生成物料，第二个和三个是物料消失	

项目8　柔性生产线的虚拟孪生系统调试 ■ 283

操作流程	操作说明	示意图
24	AGV	
25	选中需要编辑的 AGV 小车，单击 ■※ 新建对象流操作	
26	创建起始点和终点，单击"确定"按钮就可以了	
27	根据这些方法把需要动作的地方全做好就完成了	

任务 8.2　虚拟调试：柔性生产线孪生模型构建与调试

任务描述

　　线体托盘通过输送链运动至机器人上下料位挡停位置停下后，PLC 控制机器人 R2 从 HOME 点出发，移动至 TAB01 物料托架盘中将毛坯挡圈抓取后，从上料位置搬运至产线上的托盘固定位置，机器人搬运完成后继续回到 HOME 点。根据任务 8.1 的工艺案例步骤完成对 ABB 机器人的通信参数设置，对 300PLC 与 ABB 机器人的 PROFINET 的组态参数进行设置。

学前准备

　　1. ABB 编程操作手册；
　　2. STEP7 软件使用说明书。

学习目标

　　※　素质目标：

　　1. 培养安全作业能力及提高职业素养；

　　2. 培养较强的团队合作意识；

　　3. 养成规范的职业行为和习惯。

　　※　知识目标：

　　1. 能完成对工业机器人的主要信号配置；

　　2. 能够保存程序、能寻找不丢失；

　　3. 能建立、保存和删除工业机器人的程序、功能或者函数；

　　4. 能完成工具坐标系的标定并能根据控制要求选择合适的坐标系类型；

　　5. 能用示教器手动控制工业机器人的移动完成物料上下料的示教，并完成示教点的保存；

　　6. 能根据工艺要求，完成工业机器人程序编制，能对工业机器人进行自动上下料控制。

　　※　能力目标：

　　1. 具有良好的语言、文字表达能力和沟通能力；

　　2. 能熟练对工业机器人进行现场编程。

学习流程

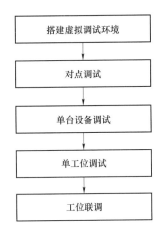

8.2.1 任务准备

8.2.1.1 工作着装准备

进行机器人工位作业时，全程必须按照要求穿着工装和电气绝缘鞋，正确穿戴安全帽。

8.1.1.2 机器人操作安全工作准备

机器人的操作员必须经过规定教育培训，并对安全及机器人的功能有彻底的认识。由不熟知的人员操作可能造成危险的事故。

8.2.2 任务实施：柔性生产线的虚拟联调

8.2.2.1 工业机器人 I/O 配置

为了能够通过 PLC 对机器人进行信号控制，需要对机器人系统信号的 I/O 配置，包括数字信号配置等。

8.2.2.2 工业机器人夹具 I/O 配置

整个自动搬运过程由 PLC 发送命令，PLC 与机器人信号对应表如表 8-10 所示。

表 8-10 PLC 与机器人信号对应表

信号名称	IEC 格式	PLC 信号名称	PLC 信号地址
light_sensor	I1.0	R2 机器人位置传感器	%I1.0
light_sensor1	I1.1	R3 机器人位置传感器	%I1.1
light_sensor2	I1.2	R4 机器人位置传感器	%I1.2
csdsdjj_at_COLSE	I1.3	传输带上小车夹紧到位	%I1.3
csdsdjj_at_OPEN	I1.4	传输带上小车打开到位	%I1.4

学习笔记

信号名称	IEC 格式	PLC 信号名称	PLC 信号地址
K360n 1000_at_OPEN	I1.5	R3 机器人机床开门到位	%I1.5
K360n 1000_at_COLSE	I1.6	R3 机器人机床关门到位	%I1.6
K360n 1000_1_at_OPEN	I1.7	R4 机器人机床开门到位	%I1.7
irb6700_mh3_235kg_265_grey_rev05_programEnded	I14.0	R1 机器人程序结束	%I14.0
irb2600_20_165__03_programEnded	I15.0	R2 机器人程序结束	%I15.0
RS006L_1_programEnded	I16.0	R3 机器人程序结束	%I16.0
RS006L_2_programEnded	I17.0	R4 机器人程序结束	%I17.0
K360n 1000_1_at_COLSE	I2.0	R4 机器人机床关门到位	%I2.0
SampleWeldLayout1._at_HOME	I2.1	R4 机器人行走轴原位	%I2.1
SampleWeldLayout1._at_OPEN	I2.2	R4 机器人行走轴到夹取到位	%I2.2
AGV_WZ	I2.3	小车位置信号	%I2.3
csd2_Start	Q0.0	传输带内圈启动	%Q0.0
csd2_Stop	Q0.1	传输带内圈停止	%Q0.1
csd_Start	Q0.2	传输带外圈启动	%Q0.2
csd_Stop	Q0.3	传输带外圈停止	%Q0.3
K360n 1000_mtp_OPEN	Q0.4	R3 机床开门	%Q0.4
K360n 1000_mtp_COLSE	Q0.5	R3 机床关门	%Q0.5
K360n 1000_1_mtp_OPEN	Q0.6	R4 机床开门	%Q0.6
K360n 1000_1_mtp_COLSE	Q0.7	R4 机床关门	%Q0.7
csdsdjj_mtp_COLSE	Q1.0	传输带上小车夹紧	%Q1.0
csdsdjj_mtp_OPEN	Q1.1	传输带上小车打开	%Q1.1
SampleWeldLayout1._mtp_OPEN	Q1.2	R4 机器人行走轴到夹取位	%Q1.2
SampleWeldLayout1._mtp_HOME	Q1.3	R4 机器人行走轴到原位	%Q1.3
Geometry_Op_start	Q1.4	AGV 出	%Q1.4
Geometry_Op1_start	Q1.5	AGV 进	%Q1.5

信号名称	IEC 格式	PLC 信号名称	PLC 信号地址
AB1111-WS02-TAB02.2_mtp_OPEN	Q1.6	小车能带料	%Q1.6
AB1111-WS02-TAB02.2_mtp_HOME	Q1.7	小车不能带料	%Q1.7
irb6700_mh3_235kg_265_grey_rev05_startProgram	Q14.0	R1 机器人启动	%Q14.0
irb6700_mh3_235kg_265_grey_rev05_programPause	Q14.1	R1 机器人暂停	%Q14.1
irb6700_mh3_235kg_265_grey_rev05_emergencyStop	Q14.2	R1 机器急停	%Q14.2
irb2600_20_165__03_startProgram	Q15.0	R2 机器人启动	%Q15.0
irb2600_20_165__03_programPause	Q15.1	R2 机器人暂停	%Q15.1
irb2600_20_165__03_emergencyStop	Q15.2	R2 机器人急停	%Q15.2
RS006L_1_startProgram	Q16.0	R3 机器人启动	%Q16.0
RS006L_1_programPause	Q16.1	R3 机器人暂停	%Q16.1
RS006L_1_emergencyStop	Q16.2	R3 机器急停	%Q16.2
RS006L_2_startProgram	Q17.0	R4 机器人启动	%Q17.0
RS006L_2_programPause	Q17.1	R4 机器人暂停	%Q17.1
RS006L_2_emergencyStop	Q17.2	R4 机器急停	%Q17.2
irb6700_mh3_235kg_265_grey_rev05_programNumber	Q299	出口生出料	%Q3.0
S_start	Q3.0	出口料消失	%Q3.1
LX_start	Q3.0	分料生成	%Q3.2
LX1_start	Q3.1	分料消失	%Q3.3
LX2_start	Q3.1	R1 机器人程序选择	%QB299
C_start	Q3.2	R2 机器人程序选择	%QB300
X_start	Q3.2	R3 机器人程序选择	%QB301
X1_start	Q3.3	R4 机器人程序选择	%QB302
X2_start	Q3.3		
irb2600_20_165__03_programNumber	Q300		
RS006L_1_programNumber	Q301		
RS006L_2_programNumber	Q302		

步骤 1：编写一个程序

ABB 机器人的搬运程序如下：（参考程序）

将 PDPS 和 PLC 连接，如表 8-11 所示。

表 8-11 连接 PDPS 和 PLC

在 PDPS 中按下 F6，单击 PLC 再 给 PLC 打上钩，单击连接设置	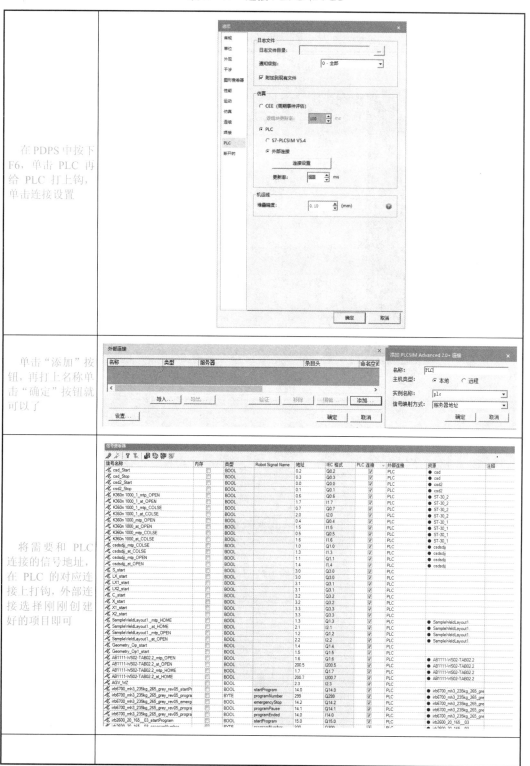
单击"添加"按钮，再打上名称单击"确定"按钮就可以了	
将需要和 PLC 连接的信号地址，在 PLC 的对应连接上打钩，外部连接选择刚刚创建好的项目即可	

步骤 2：编写简单的 PLC 程序控制机器人

按下 PLC 侧启动机器人，查看机器人侧信号是否能收到信号，如果通信正常可以加入启动停止功能进行联调控制，如表 8-12 所示。

表 8-12　PLC 程序控制机器人步骤

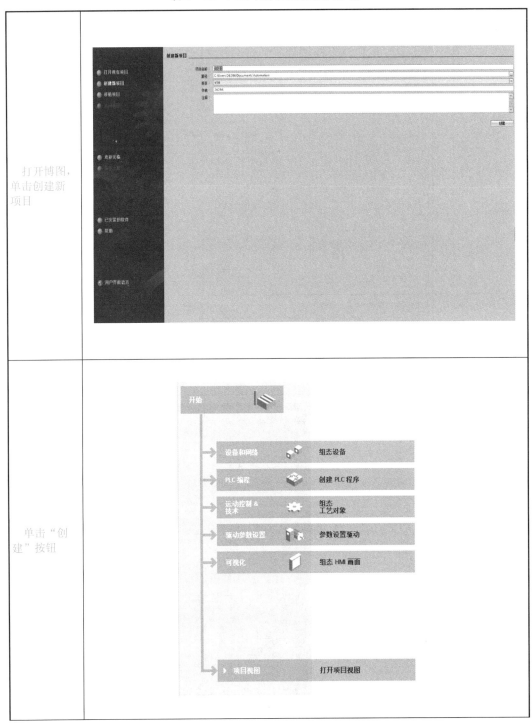

打开博图，单击创建新项目	
单击"创建"按钮	

单击打开项目视图，双击添加新设备，选中设备，单击"确定"按钮	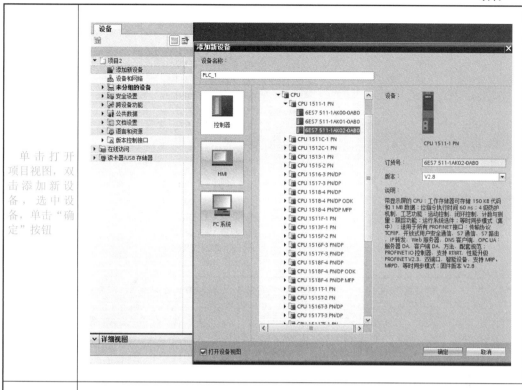
单击"PLC"→"程序块添加新块"→"创建函数块"， 函数块 单击"确定"按钮	

将各个部件分开并建立函数块	 添加新块 Main [OB1] 传输带 [FB1] 机器人 R1 [FB2] 机器人 R2 [FB3] 机器人 R3 [FB4] 输出映射 [FB6] 输入映射 [FB7] J [DB1] QT [DB5] 传输带_DB [DB... 机器人 R1_DB [... 机器人 R2_DB [... 机器人 R3_DB [... 机器人 R3_DB_... 输出映射_DB [... 输入映射_DB [...
FB1 程序	

	名称	数据类型	默认值	保持	从 HMI/C
	▼ Input				
	传输带外圈启动	Bool	false	非保持	☑
	传输带内圈启动	Bool	false	非保持	☑
	机器人完成运动	Bool	false	非保持	☑
	停止	Bool	false	非保持	☑
	▼ Output				
	R2机器人位	Bool	false	非保持	☑
	R3机器人位	Bool	false	非保持	☑
	R4机器人位	Bool	false	非保持	☑
	▼ InOut				
	▶ 夹具	Array[*] of Bool			
	▼ Static				
	I	Int	0	非保持	☑
	▶ R_TRIG_Instance	R_TRIG			☑
	▶ R_TRIG_Instance_1	R_TRIG			☑
	▶ R_TRIG_Instance_2	R_TRIG			☑
	▼ Temp				
	<新增>				

```
2   #R_TRIG_Instance(CLK:="R2机器人位置传感器");
3   #R_TRIG_Instance_1(CLK := "R3机器人位置传感器");
4   #R_TRIG_Instance_2(CLK := "R4机器人位置传感器");
5 ⊟CASE #I OF
6       0:
7 ⊟        IF (#R2机器人位 OR #R3机器人位 OR #R4机器人位) AND "Tag_2" THEN
8               #I := 10;
9           ELSIF "Tag_2" THEN
0               #I := 5;
1           END_IF;
2       5:
3           "J".传输带外圈点动 := NOT #传输带内圈启动;
4           "J".传输带内圈点动 := #传输带内圈启动;
5 ⊟        IF #停止 THEN
6               "J".传输带外圈点动 := false;
7               "J".传输带内圈点动 := false;
8               #I := 0;
```

| FB1 程序 | ```
3         ELSIF #R_TRIG_Instance.Q OR #R_TRIG_Instance_1.Q OR #R_TRIG_Instance_2.Q THEN
0             #R2机器人位 := "R2机器人位置传感器";
1             #R3机器人位 := "R3机器人位置传感器";
2             #R4机器人位 := "R4机器人位置传感器";
3             #I := 10;
4         END_IF;
5     10:
6         "J".传输带外圈点动 := false;
7         "J".传输带内圈点动 := false;
8         IF #停止 THEN
9             #I := 0;
0         ELSIF #机器人完成运动 THEN
1             #R2机器人位 := #R3机器人位 := #R4机器人位 := FALSE;
2             #I := 5;
3         END_IF;
4
5  END_CASE;
``` |
| FB2 程序 | |

	名称	数据类型	默认值	保持	
▼	Input				
▪	取料操作	Bool	false	非保持	▼
▼	Output				
▪	<新增>				
▼	InOut				
▪ ▶	JQR	"机器人"			
▪	料位是否有料	Bool	false	非保持	
▼	Static				
▪	I	Int	0	非保持	
▪ ▶	F_TRIG_机器人程序...	F_TRIG			
▪ ▶	t1	TON_TIME		非保持	
▪ ▶	t2	TON_TIME		非保持	

```
1  #t1(IN := #I = 10,
2      PT := t#2s);
3  #t2(IN := #I = 15,
4      PT := T#1S);
5  #F_TRIG_机器人程序结束(CLK:=#取料操作);
6
7  CASE #I OF
8      0:
9          IF #F_TRIG_机器人程序结束.Q THEN
0              #I := 5;
1          END_IF;
2      5:
3          "AGV出" := TRUE;
4          IF "小车位置信号" THEN
5              "出口料消失" := false;
6              "出口生出料" := TRUE;
7              "J".小车是否能带料:=true;
```
```

| FB2 程序 | ```
8        #I := 10;
9      END_IF;
0    10:
1      IF #t1.Q THEN
2          "AGV出" := false;
3          "AGV进" := true;
4          "出口生出料" := FALSE;
5          IF NOT "小车位置信号" THEN
6              "J".小车是否能带料 := FALSE;
7              #JQR.机器人程序选择 := 1;
8              #JQR.机器人启动 := true;
9              #I := 15;
0          END_IF;
1      END_IF;
2    15:
3      "AGV进" := false;
4      IF #t2.Q AND #JQR.机器人程序结束 THEN
5          #JQR.机器人启动 := FALSE;
6          "出口料消失" := true;
7          "分料生成" := true;
8          #料位是否有料 := TRUE;
9          #I := 0;
0      END_IF;
1  END_CASE;
2
3
``` |
| FB3 程序 | <table><tr><td colspan="2">▼ Input</td><td></td><td></td></tr><tr><td>■</td><td>启动</td><td>Bool</td><td>false</td></tr><tr><td colspan="2">▼ Output</td><td></td><td></td></tr><tr><td>■</td><td>机器人完成动作</td><td>Bool</td><td>false</td></tr><tr><td colspan="2">▼ InOut</td><td></td><td></td></tr><tr><td>■ ▶</td><td>JQR</td><td>"机器人"</td><td></td></tr><tr><td>■ ▶</td><td>夹具上是否有料</td><td>Array[*] of Bool</td><td></td></tr><tr><td colspan="2">▼ Static</td><td></td><td></td></tr><tr><td>■</td><td>I</td><td>Int</td><td>0</td></tr><tr><td>■</td><td>J</td><td>Byte</td><td>1</td></tr><tr><td>■</td><td>Q</td><td>Byte</td><td>101</td></tr><tr><td>■ ▶</td><td>T0</td><td>TON_TIME</td><td></td></tr><tr><td>■ ▶</td><td>T1</td><td>TON_TIME</td><td></td></tr><tr><td>■ ▶</td><td>T2</td><td>TON_TIME</td><td></td></tr><tr><td>■ ▶</td><td>T3</td><td>TON_TIME</td><td></td></tr><tr><td>■ ▶</td><td>R_TRIG_Instance</td><td>R_TRIG</td><td></td></tr><tr><td colspan="2">▼ Temp</td><td></td><td></td></tr></table> |
```

| FB3 程序 | ```
#T0(IN := #I = 10,
    PT := T#1S);
#T1(IN := #I = 15,
    PT := T#1S);
#T2(IN := #I = 5,
    PT := T#1S);
#R_TRIG_Instance(CLK:=#启动);
IF "J".传输带外圈点动 THEN
    #机器人完成动作 := FALSE;
END_IF;
CASE #I OF
    0:
        IF #R_TRIG_Instance.Q THEN
            #I := 3;
        END_IF;
    3:
        IF "J".是否有料 THEN
            #I := 5;
        END_IF;
    5:
        #机器人完成动作 := FALSE;
        IF #T2.Q THEN
            IF NOT #夹具上是否有料[0] THEN
                #JQR.机器人程序选择 := #J;
                #JQR.机器人启动 := TRUE;
                #I := 10;
            ELSIF #夹具上是否有料[0] THEN
                #JQR.机器人程序选择 := #Q;
                #JQR.机器人启动 := TRUE;
                #I := 15;
            END_IF;
        END_IF;
    10:
        IF "R2机器人程序结束" AND #T0.Q THEN
            #JQR.机器人启动 := FALSE;
            #机器人完成动作 := TRUE;
            #夹具上是否有料[0] := TRUE;
            #J := #J + 1;
            #I := 0;
        END_IF;
    15:
        IF "R2机器人程序结束" AND #T1.Q THEN
            #JQR.机器人启动 := FALSE;
            #夹具上是否有料[0] := FALSE;
            #Q := #Q + 1;
            #I := 5;
        END_IF;
END_CASE;
``` |
```

▼ Input								
■ 启动	Bool	false	非保持	▼	☑	☑	☑	☐
■ 机床开门到位	Bool	false	非保持		☑	☑	☑	
■ 机床关门到位	Bool	false	非保持		☑	☑	☑	
▼ Output					☐	☐	☐	☐
■ 机床开门	Bool	false	非保持		☑	☑	☑	
■ 机床关门	Bool	false	非保持		☑	☑	☑	
■ 机器人完成动作	Bool	false	非保持		☑	☑	☑	
▼ InOut					☐	☐	☐	☐
■ ▶ JQR	"机器人"				☐	☐	☐	
■ ▶ 夹具上是否有料	Array[*] of Bool				☐	☐	☐	
▼ Static					☐	☐	☐	☐
■ I	Int	0	非保持		☑	☑	☑	☐
■ ▶ T0	TON_TIME		非保持		☑	☑	☑	☑
■ ▶ T1	TON_TIME		非保持		☑	☑	☑	☑
■ ▶ T2	TON_TIME		非保持		☑	☑	☑	☑
■ ▶ T3	TON_TIME		非保持		☑	☑	☑	☑
■ ▶ T4	TON_TIME		非保持		☑	☑	☑	☑
■ ▶ R_TRIG_Instance	R_TRIG				☑	☑	☑	☑
▼ Temp								

FB4 程序

```
]#T0(IN := #I = 10,
     PT := T#6S);//机床加工时间
]#T1(IN := #I = 5,
     PT := T#1S);
]#T2(IN := #I = 15,
     PT := T#1S);
 #R_TRIG_Instance(CLK:=#启动);

]IF "J".传输带外圈点动 THEN
     #机器人完成动作 := FALSE;
 END_IF;
]CASE #I OF
     0:
]        IF #R_TRIG_Instance.Q THEN
             #I := 5;
         END_IF;
     5:
         #机床关门 := false;
         #机床开门 := TRUE;
         #JQR.机器人程序选择 := 1;
         #JQR.机器人启动 := TRUE;
]        IF #JQR.机器人程序结束 AND #T1.Q THEN
             #机床开门 := false;
             #机床关门 := true;
             #JQR.机器人启动 := FALSE;
             #I := 10;
         END_IF;
     10:
]        IF #T0.Q THEN
```

| FB4 程序 | ```
                    #机床关门 := false;
                    #机床开门 := true;
      ]         IF #机床开门到位 THEN
                    #JQR.机器人程序选择 := 2;
                    #JQR.机器人启动 := TRUE;
                    #I := 15;
                END_IF;
            END_IF;
        15:
      ]         IF #JQR.机器人程序结束 AND #T2.Q THEN
                    #机器人完成动作 := TRUE;
                    #JQR.机器人启动 := FALSE;
                    #I := 0;
                END_IF;
    END_CASE;
``` |
|---|---|
| FB6 程序 | |

▼ Input				
■ <新增>		▣		▼
▼ Output				
■ <新增>				
▼ InOut				
■ <新增>				
▼ Static				
■ I	Int	0	非保持	
■ J	Int	0	非保持	
▼ Temp				

```
"传输带内圈启动" := "J".传输带内圈点动;
"传输带内圈停止" := NOT "J".传输带内圈点动;

"传输带外圈启动" := "传输带上小车夹紧" AND "传输带上小车夹紧到位";
"传输带外圈停止" := "传输带上小车打开";

"小车能带料" := "J".小车是否能带料;
"小车不能带料" := NOT "J".小车是否能带料;

"传输带上小车夹紧":="J".传输带外圈点动;
"传输带上小车打开" := NOT "J".传输带外圈点动;
FOR #J := 14 TO 17 DO
    POKE(area := 16#82,
        dbNumber := 0,
        byteOffset := 285 + #J,
        value := PEEK
        (area := 16#84,
         dbNumber := 1,
```
```

学习笔记

| FB6 程序 | ```
            byteOffset := (#J-14)*2+1));
    FOR #I := 0 TO 2 DO
        POKE_BOOL(area := 16#82,
                    dbNumber := 0,
                    byteOffset := #J,
                    bitOffset := #I,
                    value := PEEK_BOOL
                    (area := 16#84,
                     dbNumber := 1,
                     byteOffset := (#J-14)*2,
                     bitOffset := #I));
    END_FOR;
END_FOR;
``` |
| FB7 程序 |

```
FOR #I := 14 TO 17 DO
    POKE_BOOL(area := 16#84,
                dbNumber := 1,
                byteOffset := (#I - 14) * 2,
                bitOffset := 3,
                value := PEEK_BOOL
                (area := 16#81,
                 dbNumber := 0,
                 byteOffset := #I,
                 bitOffset := 0));
END_FOR;
``` |
| 主程序 | |
```

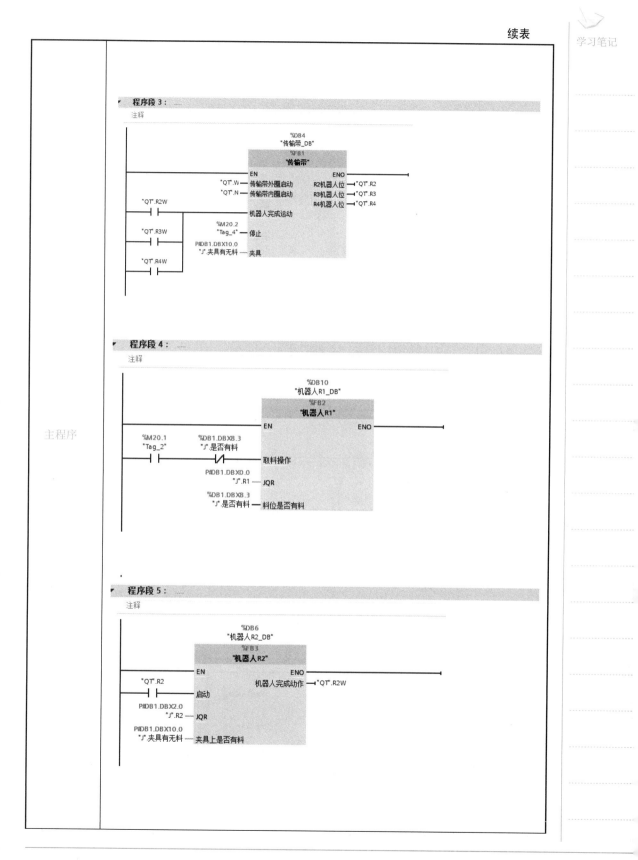

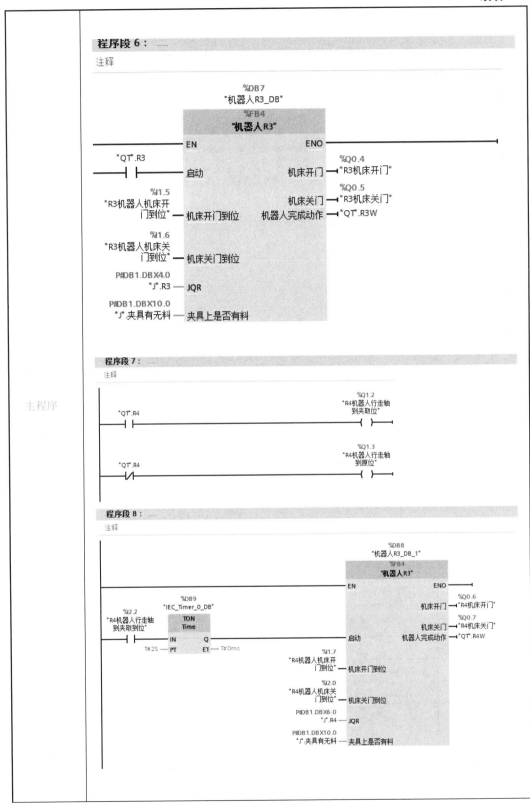

上程序	程序段 9：......
	注释
	%DB2 "输出映射_DB" %FB6 "输出映射" EN ENO
	程序段 10：......

步骤 3：联调动作测试

测试 PLC 与机器人的动作是否成功，操作步骤如下：

步骤 4：搬运程序结合自动生产线线体进行线体和机器人工艺工序的顺序联动

由上可以实现线体自动运行，当托盘移动到机器人工位时自动挡停，将信号发送至 PLC，由 PLC 判断控制机器人来进行抓取工件上料或者下料工作，实现本工位的联调动作。

8.2.3　任务评价

项目实施评分表见表 8-13。

表 8-13　项目实施评分表

序号	项目评分标准	分值	自评分	教师评分	存在问题记录及分析
1	搭建柔性生产线三维布局是否正确	10			
2	定义机床安全门、手爪等设备动作是否正确	10			
3	定义传感器、机构信号是否正确	10			
4	机器人信号规划设计是否正确	15			
5	对点调试是否正确	15			
6	单台设备调试是否正确	15			
7	单工位调试是否正确	15			
8	工位联调是否正确	10			
	总分	100			

课后作业

1. 填空题

（1）虚拟调试技术是利用数字孪生虚拟技术把＿＿＿＿＿＿生产设备甚至整条生产线 1:1 地复制到＿＿＿＿＿＿中，系统工程师或终端用户可以通过交互式＿＿＿＿＿＿可视化查看系统的实际行为。

（2）工业机器人信号配置时，R2 机器人位置传感器的＿＿＿＿＿＿与信号名称为

_____进行对应。

（3）工业机器人信号配置时，出口料消失传感器的_____与信号名称为_____的进行对应。

2. 简答题

（1）简述数字孪生虚拟调试技术主要应用在哪些方面。

（2）虚拟调试存在哪些优点？

（3）简述虚拟调试步骤。